能源与电力分析年度报告系列

2018 国内外电网发展分析报告

国网能源研究院有限公司　编著

中国电力出版社
CHINA ELECTRIC POWER PRESS

内容提要

《国内外电网发展分析报告》是能源与电力分析年度报告系列之一，主要分析了2017年以来北美、欧洲、非洲、日本、巴西、印度及中国等主要国家和地区的经济社会概况、能源电力政策、电力供需形势、电网发展现状；针对中国电网，进一步分析了电网投资、电网规模、网架结构、配网发展、运行交易、电网经营等情况，并梳理了2017年发展重点，以及改革开放40年以来的发展成就和经验；分析了电网前沿技术的最新进展；分析了国内外电网可靠性及典型大规模停电事故的原因和启示，以期为关心电网发展的各方面人士提供借鉴和参考。

本报告适合能源电力行业尤其是电网企业从业者、国家相关政策制定者、科研工作者、高校电力专业学生参考使用。

图书在版编目（CIP）数据

国内外电网发展分析报告．2018/国网能源研究院有限公司编著．—北京：中国电力出版社，2018.11
（能源与电力分析年度报告系列）
ISBN 978-7-5198-2673-4

Ⅰ．①国…　Ⅱ．①国…　Ⅲ．①电网—研究报告—世界—2018　Ⅳ．①TM727

中国版本图书馆CIP数据核字（2018）第262333号

审图号：GS（2018）5953号

出版发行：中国电力出版社
地　　址：北京市东城区北京站西街19号（邮政编码100005）
网　　址：http://www.cepp.sgcc.com.cn
责任编辑：刘汝青（010-63412382）
责任校对：黄　蓓　朱丽芳
装帧设计：赵姗姗
责任印制：吴　迪

印　　刷：北京瑞禾彩色印刷有限公司
版　　次：2018年11月第一版
印　　次：2018年11月北京第一次印刷
开　　本：787毫米×1092毫米　16开本
印　　张：14.25
印　　数：0001—2000册
字　　数：196千字
定　　价：88.00元

能源与电力分析年度报告

编　委　会

《国内外电网发展分析报告》

编　写　组

组　长　韩新阳

主笔人　张　岩　田　鑫

成　员　张　钧　张　钰　柴玉凤　张　玥　王旭斌
曹子健　代贤忠　靳晓凌　冯庆东　张　晨
白翠粉　王　阳　叶小宁　王彩霞　黄碧斌
李　健　谷　毅　翁　强　严　胜　杨　军
王轶禹　张鹏飞　王　东　罗　湘　高昆仑
赵　婷　苏　剑　孟晓丽　吴　鸣　吕志鹏
李　晖　杨卫红　王　旭　杨晓梅　孙丽敬
刘思革　屈小云　谭显东　张成龙　李江涛

前 言

国网能源研究院多年来紧密跟踪国内外能源电力政策法规、电力市场化改革进展、宏观经济发展环境、能源电力供需变化、节能与电力需求侧管理、能源替代、新能源发展与并网、电网发展、电网安全可靠性、电网技术创新、能源电力价格变化、电力企业运营管理等，开展广泛调研和分析研究，形成年度系列报告，为政府部门、电力企业和社会各界提供了有价值的决策参考和信息。

《国内外电网发展分析报告》是能源与电力分析年度报告系列之一。曾用名有《国内外智能电网发展分析报告》《国内外电网发展及新技术应用分析报告》，2017 年开始改用现名，加强对国内外电网发展重点的研究和分析。2018 年在“国外电网发展”中新增了非洲电网的分析，在“中国电网发展”中增加了配电网的分析，结合改革开放 40 周年的背景，在“专题”中总结了改革开放 40 年来中国电网的发展成就和经验。

本报告共分为 5 章。第 1 章国外电网发展从发展环境、能源政策、电力供需等方面入手，系统介绍了 2017 年以来北美、欧洲、日本、巴西、印度和非洲等国外典型国家和地区电网的发展环境和发展现状；第 2 章中国电网发展从发展环境、电力投资、网架结构、运行交易等维度，分析了中国电网的发展情况、发展成效和发展重点；第 3 章电网技术从输变电、配用电、储能和基础支撑技术等方面，分析了电网技术领域的创新和应用动态；第 4 章专题一总结了改革开放 40 年中国电网的发展成就和经验；第 5 章专题二分析了国内外电网可靠性和主要停电事故的原因与启示。

本报告中的经济、能源消费、电力装机容量、发电量、用电量、用电负荷、供电可靠性等指标数据，其统计年限以各国家和地区电网的2017年统计数据为准；限于数据来源渠道不足，部分指标的数据有所滞后，以2016年数据进行分析；重点政策、重大事件等延伸到2018年。

本报告概述部分由张岩主笔，国外电网发展部分由张岩、曹子健主笔，中国电网发展部分由田鑫、王旭斌主笔，电网技术部分由张玥、王旭斌、张钰、柴玉凤主笔，专题一由田鑫、韩新阳主笔，专题二由张钧、王旭斌主笔。侯佳佐、范韶迪、董天阳、吕梦璇等参与了信息、数据的搜集和整理工作。全书由张岩、田鑫统稿，由韩新阳、靳晓凌、冯庆东校核。

在本报告的调研、收资和编写过程中，得到了国家电网有限公司研究室、发展部、安监部、营销部、科技部、国际部、国调中心及北京交易中心等部门专家和领导的悉心指导，还得到了中国电力企业联合会、电力规划设计总院、国网经济技术研究院有限公司、全球能源互联网研究院有限公司、中国电力科学研究院有限公司、国网江苏省电力有限公司等单位相关专家的大力支持，在此表示衷心感谢！

限于作者水平，虽然对书稿进行了反复研究推敲，但难免仍会存在疏漏与不足之处，恳请读者谅解并批评指正！

编著者

2018年11月

目　录

概 述

2017 年，世界经济增速回升至 3.2%[1]，同比提高 0.7 个百分点，主要发达经济体经济增长势头良好，新兴市场和发展中经济体增速仍在分化。北美地区和欧洲经济表现超出预期，GDP 增速在 2.5%左右；中国和印度分别为 6.9%和 6.6%，是世界经济增长最快的大型经济体；巴西摆脱衰退困境，增速为 1%。全球能源消费增速提升，市场加快转型，主要增长点来自以亚洲为代表的发展中经济体，电能占终端能源消费的比重继续提高。电源仍以化石能源为主，可再生能源装机增长较快，地区之间差异较大。全球发电量稳步增长，中国和美国发电量稳居世界前两名，可再生能源渗透率进一步提高。在能源资源与负荷中心逆向分布、区域能源合作不断深化、可再生能源快速发展等因素的推动下，区域电网互联网架和交易机制不断完善。中国电网的发展取得举世瞩目成就，支撑经济社会稳定发展，电网规模不断增长、网架结构不断优化，装备和技术水平持续提升，服务质量不断提高。

（一）国外电网发展

北美、欧洲和日本能源消费总量小幅上涨；印度、巴西和非洲能源消费与经济情况变化基本同步。2017 年，北美、欧洲和日本等发达国家和地区经济增速在 2%左右，能源强度持续下降。印度经济增速为 6.6%，能源转型推动下，能源强度不断下降，但受人口增长和城市化推进的影响，能源消费仍保持较快增长。巴西经济摆脱颓势，非洲经济增速回升，能源消费总量同比上升。

世界各国积极出台政策促进能源独立、推动能源转型，并加强对下一代电力系统的规划和建设。2017 年，美国政府从支持可再生能源发展转向推动化石能源清洁化发展；英国、法国、德国制订燃煤电站和核电的退出/减产计划；日本发布《第五次能源基本计划》《氢能基本战略》等政策；印度政府发布《国家能源政策》草案，实施新一轮配网建设计划；非洲提出建立大陆输电网络框架，加快区域一体化建设步伐。实现能源支撑经济可持续发展，是各国能

[1] 数据来自于世界银行。

源电力政策的最终目标。

北美、日本电网规模基本稳定，欧洲电网规模减少，印度和巴西电网规模保持快速增长，但各国家和地区电网结构持续优化。2017年，北美、日本线路长度和变电容量增长率小于1%，电网发展的驱动因素中，供电可靠性为首要因素，其次为间歇式新能源接入；欧洲电网规模出现下降，但跨区直流线路增长迅速，骨干网架持续补强；印度持续加大电网基础设施建设力度，线路规模增长6.3%，其中特高压交流线路增速达12.2%；巴西首条特高压直流线路投运，230kV网架持续优化。

各国家和地区大力发展清洁能源，电网发展迎来新机遇。从电力供应来看，各国积极发展太阳能、风能等可再生能源，天然气、水电等清洁能源装机也快速增长，部分国家加速煤电淘汰进程。从消费侧来看，各国电气化程度不断提高，用电量增速均大于能源消费增速。大规模清洁能源的消纳也给各国电网运行带来较大压力，各国通过加强互联通道建设、促进跨国跨区交易，实现大范围供需平衡。

电化学储能和分布式电源开启商业化应用进程，规模呈爆发式增长。储能方面，全球新增储能规模达到1.4GW/2.3GW•h；美国电化学储能过去三年新增规模占到总投运规模的2/3；储能应用由工业领域向商业领域和居民侧扩展。分布式电源方面，美国“光伏＋储能”装机规模增速超过25%；巴西2017年新增分布式光伏装机超过此前累计装机规模的2倍。

加快新技术部署、推进智能化改造成为各国电网发展的重点和热点。为适应分布式能源接入、缓解电力设备老化问题、适应竞争市场下新型服务模式的发展，各国通过推进智能电表部署、加速配电自动化覆盖、配置广域测量系统等措施推动电网智能化。

（二）中国电网发展

（1）2017年发展。

2017年中国经济稳中向好，好于预期，产业结构持续优化升级，能源消费强度保持下降，电能占终端能源消费比重持续提高，GDP 同比增长 6.9%。能源转型和电力市场化改革稳步推进，可再生能源消纳水平进一步提升，贫困地区能源建设加快推进，电动汽车、储能产业全面发展。

电网建设方面，全国电力投资和电网投资同比均下降，电网规模稳步增长。积极推进特高压交直流工程建设，其中特高压直流工程投运规模较多，增速同比上升 51.6 个百分点。截至 2018 年 8 月，全国在运特高压线路达到“八交十三直”。

主网发展方面，区域电网互联及省内主干网架逐步加强。华北一华中、华东、东北、西北、西南、南方、云南 7 个区域或省级同步电网网架形态不断完善，电网加强工程、送电配套工程不断落实，2017 年，220kV 及以上线路长度增长 4.2 万 km，变电（换流）容量增长 2.7 亿 kV·A，保证电源送出受端落地，满足负荷增长需求，促进可再生能源消纳。

配网发展方面，多方面提升供电可靠性和服务普遍性。推进世界一流城市配电网建设，提高对分布式清洁发电消纳、多元化负荷的保障能力和适应性。通过开展专项工程，提升供电可靠性，加快推动配电网从单一供电向综合能源服务平台转变。通过小康用电示范县、农村电网升级改造等项目，加快城乡电力一体化、均等化、现代化，为脱贫攻坚提供电力保障。

运行交易方面，全国电网总体保持安全稳定运行，跨省跨区交易电量快速增加。2017 年，全国跨区电量交换规模达 4236 亿 kW·h，跨省电量交换规模达 11 300 亿 kW·h，约占全社会用电量的 1/6。市场在配置资源中的主导作用充分体现。

电网经营方面，电网从以往的高速度发展转向高质量发展，随着电网服务能源转型发展、服务城乡均衡发展、提升普遍服务水平等工作的推进，电网投资效益效率越来越得到重视。

（2）改革开放 40 年发展经验。

改革开放 40 年来，中国电网发展有力地支撑了经济社会的持续高速发展，电网规模年均增速 9.2%，除台湾省外，全国联网格局已经形成，“八交十三直”特高压交直流输电工程建成投运，各电压等级电网协调发展，人均用电水平、供电可靠性、跨区跨省交易电量显著提升，电网智能化、信息化、互动化全面覆盖。回顾 40 年的发展历程，有如下宝贵经验：

创新始终是电网发展的不竭动力。一是通过技术创新实现了输变电装备由落后向领先的转变；二是通过体制机制创新不断为电网发展注入新的活力。

协调是电网发展的手段和目标。一是通过体制改革使电网与电源和负荷协调发展；二是推动电网内部各环节协调发展；三是实现电网与资源环境协调发展。

绿色是电网顺应形势的道路选择。一是通过特高压输电实现清洁能源跨区远距离输送和消纳；二是促进电能替代实现能源绿色消费；三是推进节能减排提升能源利用效率。

开放推动电网走向繁荣。一是通过利用多元化资本加快了电网设施建设；二是推进技术（标准）、装备、管理、品牌“走出去”，提升了电网影响力和话语权，服务国家“一带一路”倡议。

共享“人民电业”发展成果。一是不断提升供电质量，让人民满意；二是积极推进户户通电、服务脱贫攻坚，不让一个人掉队；三是推动电力共享经济，使电力发展成果惠及整个社会大众。

（三）电网技术创新

2017 年，输变电、配用电、储能和基础支撑等领域的技术取得了一系列进展和创新应用。

输变电领域，特高压输电、柔性直流输电、统一潮流控制器、虚拟同步机等技术和工程取得新的成就。特高压穿墙套管技术实现突破；特高压苏通 GIL 综合管廊工程正式贯通，进入电气设备安装阶段；世界首个柔性直流输电工程与混合柔性直流输电工程开始建设，特高压柔性直流输电换流阀研制成功；500kV 统一潮流控制器示范工程投运，机械式高压直流断路器成功挂网运行。

配用电领域，交直流混合配电网、主动配电网、柔性变电站、V2G 等技术示范工程在全球范围内逐步开展。智能柔性直流配电网示范工程通过试运行考验投入运行；集成可再生能源的主动配电网示范工程成功投运；柔性变电站成功并网运行；电动汽车及充换电技术取得较快发展，国内外均开展了 V2G 技术的试点工作。

储能领域，不同技术路线有所进展，退役电池的利用也在开展。全球首座液态空气储能工厂建成，实现了空气储能技术的突破。大容量锂电池、铅碳电池储能示范工程相继投运，部分项目已成功实现商业化运行。随着电动汽车面临大范围退役，国内外也开展了动力电池梯次利用在不同场景中的试点实践。

基础支撑领域，源网荷储协调、大电网建模仿真、大数据分析、人工智能、区块链等技术在能源电力领域不断深化应用。世界最大规模“虚拟电厂”正式投运；新一代电力系统数模混合仿真平台建成；智慧车联网平台、光伏云网等数据平台陆续投入使用；人工智能在输变电设备智能化巡检、图像处理等领域突破实用化瓶颈；区块链技术在电子商务、电力交易和能源供应链管理等领域开始试验性部署。

（四）未来电网发展展望

伴随着新一轮能源革命方兴未艾，各国将会陆续打造广泛互联、智能互动、灵活柔性、安全可控的新一代电力系统。电网作为一个国家或地区综合能源体系的重要组成部分，在能源系统的中枢和核心地位将日趋明显，成为各国抢占新一轮能源变革和能源科技竞争制高点的领域。展望未来，电网将成为推动电气化水平快速提升、促进综合能源优化配置的重要平台，可再生能源接入比例将越来越高，交直流混联形态将更为普遍，承载市场化交易比重将不断提高，电力电子设备将规模化应用，电网智能化水平将不断提高，电网弹性和自愈能力将更加强大。大数据、人工智能和区块链等新技术深化应用，将对电网高质量发展提供支撑。

1

国外电网发展

世界范围内，各国均积极推进以清洁能源为主导的能源转型发展道路。大型清洁能源基地远离能源消费中心，只有通过就地发电、上网消纳才能充分高效利用；分布式清洁能源距负荷更近，但规模较小且不稳定，其可靠利用需要电网的有力支撑。电网作为支撑经济社会发展的基础设施，经历上百年的发展，已经形成了覆盖范围最广的二次能源配送网络。从各国能源转型进程来看，利用电网作为能源资源优化配置平台不仅经济高效而且现实可行。

各国家和地区由于经济、社会等背景差异，其电网所处发展阶段和发展趋势也不尽相同。北美、欧洲和日本等国家和地区电网较为成熟，规模变化较小，但面临电源结构调整、设备老化等问题。巴西、印度等发展中国家电网面临的主要问题是电网和电源、负荷发展的不匹配，巴西为将北部的水电输送到东南部的负荷中心，开展特高压工程实践；印度为实现新能源消纳目标，加大跨区域输电通道建设。非洲的电力基础设施还不成熟，亟待明确发展方向，加大投资力度。本章针对北美联合电网、欧洲互联电网、日本电网、巴西电网、印度电网和非洲电网❶等典型国家和地区电网的现状进行分析，总结了各大电网的发展特点，为分析电网发展趋势提供基础支撑。

2017 年，北美、欧洲、日本、巴西、印度、非洲等典型国家和地区电网的整体情况如表 1 - 1 所示。

表 1 - 1　　　2017 年典型国家和地区电网整体情况

类别	北美	欧洲	日本	巴西	印度	非洲
覆盖人口（亿）	3.61	5.32	1.27	2.08	13.32	12.33
服务面积（万 km^2）	1968	1016	38	851	298	3020
装机容量（亿 kW）	11.96	11.52	2.06	1.59	3.44	1.75

❶ 北美、欧洲、日本作为发达国家的代表；印度和巴西作为发展中国家的代表，也是金砖国家的代表；非洲是欠发达地区的代表。限于资料收集渠道不足，本报告没有分析俄罗斯等其他国家。

续表

类别	北美	欧洲	日本	巴西	印度	非洲
发电量（万亿 kW•h）	4.96	3.68	1.10	0.57	1.31	0.82
人均用电量（kW•h）	9132	5475	7365	2547	760	505
最大负荷（万 kW）	77 615	58 128	15 702	8259	16 406	—
输电线路长度（km）	754 147	315 079	100 597	128 206	390 970	146 183
线路损失率（%）	7.3	8.8	4.5	19.2	21.1	16.1
主干网架电压等级	交流 765、500、345、230、161、138、115kV；直流±400、±450kV	交流 750、400、380、330、285、220kV；直流±500、±320、±300、±200、±150kV 等	交流 500、275、220、187、110～154、66～77、55kV	交流 750、500、440、345、230kV；直流±800、±600kV	交流 765、400、220kV；直流±800、±500kV	交流 500、400、330、225、220kV

注 数据来源于 Enerdata 2017，国网能源研究院，Global Electricity Transmission Report。

1.1 北美联合电网

北美联合电网（简称“北美电网”）由东部电网、西部电网、得州电网和魁北克电网四个同步电网组成，覆盖美国、加拿大和墨西哥的下加利福尼亚州。北美联合电网区域分布如图 1 - 1 所示。

1.1.1 经济社会概况

北美地区经济活力较上年明显回升，美国 GDP 总量保持世界首位。2017 年，北美地区 GDP 为 19.2 万亿美元，同比增长 2.4%，增速较上年提高 0.9

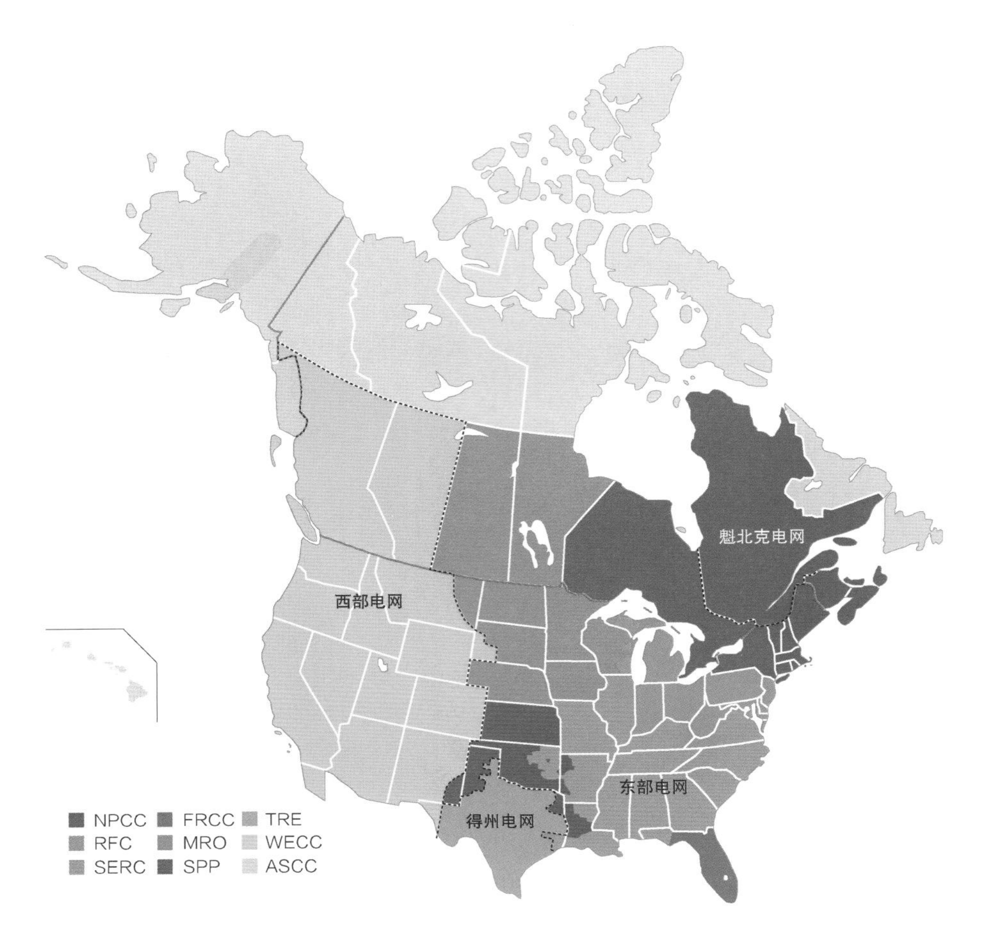

图 1-1 北美（局部）联合电网区域分布图

图片来源：NERC。

个百分点，人均 GDP 超过 5.3 万美元。其中，美国 GDP 增长 2.3%，仍为全球最大的经济体；加拿大经济增速强势回升，达到 3.1%，为近年来最高水平。2013—2017 年北美地区 GDP 及其增速见图 1-2。

北美地区能源强度持续下降，能源消费总量保持缓慢增长。2017 年，北美地区继续加大高附加值产业投入、推动节能政策，能源强度降低 1.58%，降至 0.122kgoe/美元（2015 年价）；一次能源消费总量达到 2489Mtoe，增幅较小；人均能源消费 6.9toe，同比下降 0.14%。2013—2017 年北美地区能源消费总量、强度情况见图 1-3。

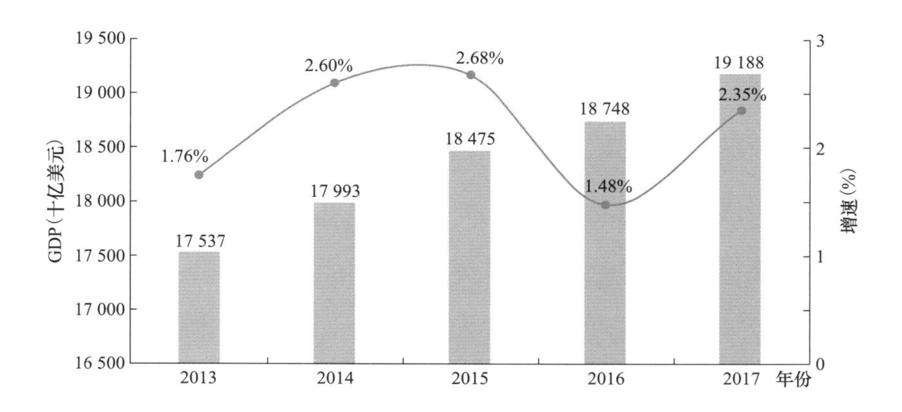

图 1-2　2013—2017 年北美地区 GDP 及其增长率（以 2010 年不变价美元计）

数据来源：WorldBank。

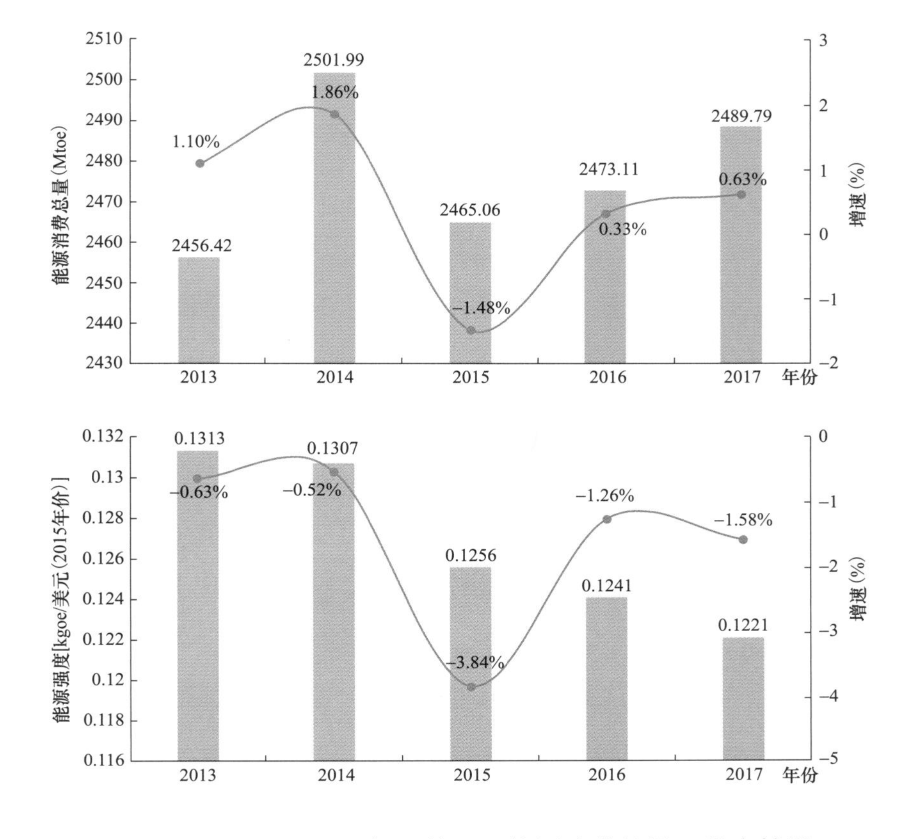

图 1-3　2013—2017 年北美地区能源消费总量、强度情况

数据来源：WorldBank，Enerdata Energy Statistical Yearbook 2018。

1.1.2 能源电力政策

美国当前的能源政策可以概括为"能源新现实主义"[1]，其核心是通过推动技术创新，实现美国能源独立。一方面，通过以页岩革命为核心的能源产业基础创新改变美国能源供需结构，同时影响全球能源战略态势和国际政治形势。另一方面，通过技术创新实现煤炭和天然气的清洁低碳利用，减少碳排放量，让能源产业成为美国经济增长的主力，解决更多就业问题。

（1）推动传统能源发展。2017 年 1 月，美国总统特朗普提出《美国优先能源计划》，明确将高度重视清洁煤技术，促进煤炭行业复苏，并通过明确税收优惠补贴范围和力度来确保这一计划的顺利实施。

延伸阅读——《美国优先能源计划》政策要点

1）通过"煤研究计划"（CRI）支持能源部国家能源技术实验室（NETL）进行清洁煤技术研发，例如开发创新型污染控制、煤气化、先进燃烧系统、汽轮机及碳收集封存等技术。

2）"清洁煤发电计划"（CCPI）主要支持企业与政府建立伙伴关系，共同建设示范型清洁煤发电厂，对具有市场化前景的先进技术进行示范验证。

3）通过税收优惠等政策措施，对经过示范验证可行的先进技术进行大规模商业化推广，例如给予整体煤气化联合循环（IGCC）发电项目、非发电用的煤气化技术税收优惠。

（2）加快能源独立。2017 年 3 月，美国总统特朗普废除奥巴马政府 2015 年颁布的《清洁电力计划》，签发《关于促进能源独立和经济增长的总统行政

[1] 美国能源部长里克·佩里于休斯顿举行的第 37 届"剑桥能源"会议主旨演讲。

命令》，解除对美国能源生产的限制，废除政府干涉，开始“美国能源生产新时代”。

延伸阅读——《关于促进能源独立和经济增长的总统行政命令》政策要点

1）大力扶持化石能源行业：废弃《清洁电力计划》；取消联邦土地新开煤矿禁令；正式批准拱心石（KeystoneXL）和达科他（DakotaAccess）石油管道建设项目。

2）取消对可再生能源、气候变化、环境保护等领域的支持政策：削减环保署支出；缩减可再生能源、气候变化、环境保护等领域的项目；简政放权，提高项目开工许可证核发效率。

3）降低气候变化议题的重要性，解散“温室气体社会成本部际工作组”（Interagency Working Group on Social Cost of Greenhouse Gases），并否定该机构发布的评估结果。

（3）保持行业国际竞争力。2017 年 12 月，美国总统特朗普签署《减税与就业法案》，从 2018 年起实施减税 1.4 万亿美元，旨在通过低税率减少美国跨国企业境外投资，吸引其他跨国企业到美投资，并刺激国内经济以实现就业增加和经济增长。

延伸阅读——政策相关影响

1）促进清洁能源创新。税制改革将使能源公司在竞争激烈的全球市场中更具灵活性。立法允许对新设备投资的当年冲销，企业可以更快地进行额外投资，改善运营，并投资于雇员培训和工作场所改善。这些改革将有助于美国成为下一代清洁能源技术的出口国。

2）可再生能源发展提速。美国可再生能源起步很早，再加上长期以来政策框架的不断完善，产业已经相当成熟，此次生产税抵免的保留将进一步刺激可再生能源的发展。

3）油气行业重大利好。减税政策将为石油和天然气公司增加10亿美元的利润。短期来看，公司税大幅降低，将对油气企业的股价形成利好态势。长期来看，将提升美国油气企业在国际市场上的竞争力，加速美国油气产品出口的步伐，对欧佩克、俄罗斯等产油国的市场份额造成冲击。

4）忽略小众能源领域。提高税收抵免水平的条款没有覆盖一些市场份额较小的能源领域，如燃料电池、小型风能设备、微型燃气轮机、热电联产等，这些领域在与其他清洁能源行业和技术竞争方面处于不利地位。

（4）促进储能发展。2018年2月起，美国联邦能源监管委员会（FERC）发布了第841号、第842号和第845号法令，储能资源参与电力批发市场和辅助服务市场迎来机遇。

延伸阅读——法令要点解析

第841号法令要点：

1）电力储能资源可直接参与电力市场交易，同时可以作为电力批发市场的买方和卖方参与制定电力市场清算价格。

2）在技术允许的范围内，储能资源可以提供电网运行所需各种服务，例如调频服务、无功补偿服务以及一些辅助服务。

3）参与电力批发市场的储能装置的最小容量不得超过100kW。

第845号法令要点：

1）允许发电机组在低于其额定容量的情况下并网。考虑到新能源发电功率往往不能达到其额定容量，储能资源与新能源发电可以以更加经济的方式配合，降低新能源发电并网的成本。

2）允许发电厂商将多余的发电容量出售给第三方，降低总体成本。这一措施将促使储能与拥有过多发电容量的发电资源互相配合。

1.1.3 电力供需形势

（一）电力供应

北美电力总装机增长趋于平缓，燃煤、燃油装机持续减少，新增装机以风电和太阳能发电为主。截至 2017 年底，北美电力总装机容量达到 11.96 亿 kW，同比增长 0.47%。气电仍为第一大电源，装机容量占比 43.2%，煤电占比 23.1%。太阳能发电和风电装机容量增速分别为 29.5%和 9.8%，在总装机中占比合计超过 10%，新能源装机首次超过核电，仅次于燃气和燃煤装机。2017 年，北美地区新增装机主要来自风电、太阳能和燃气，分别增加 804 万、698 万、413 万 kW；煤电装机加速退役，减少 1415 万 kW。2013—2017 年北美地区不同类型装机构成如图 1-4 所示。

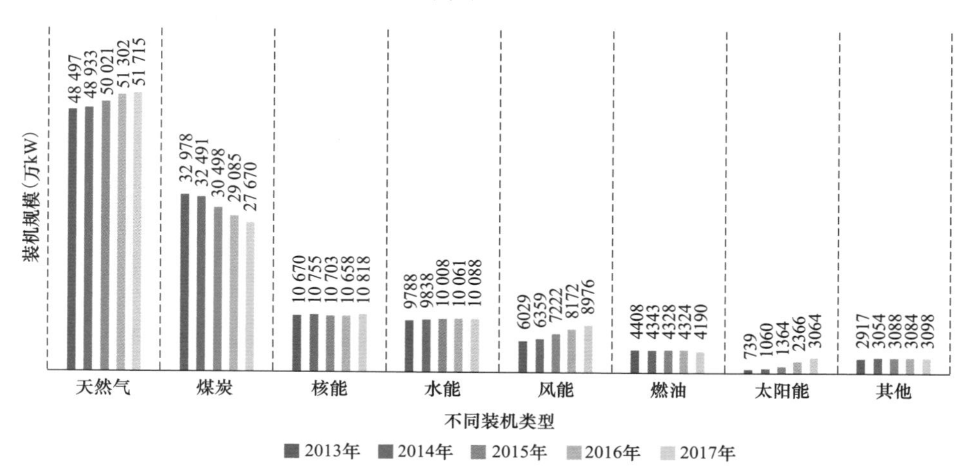

图 1-4　2013—2017 年北美地区不同装机类型装机规模

数据来源：APPA，Annual Report 2017。

北美发电量小幅下降，近年来发电量波动明显。2017 年，北美发电量为 49 625 亿 kW•h，同比下降 0.61%。2013—2017 年，北美发电量连续波动，总体呈下降趋势，2017 年发电量较 2014 年峰值下降接近 1%，具体见图 1-5。

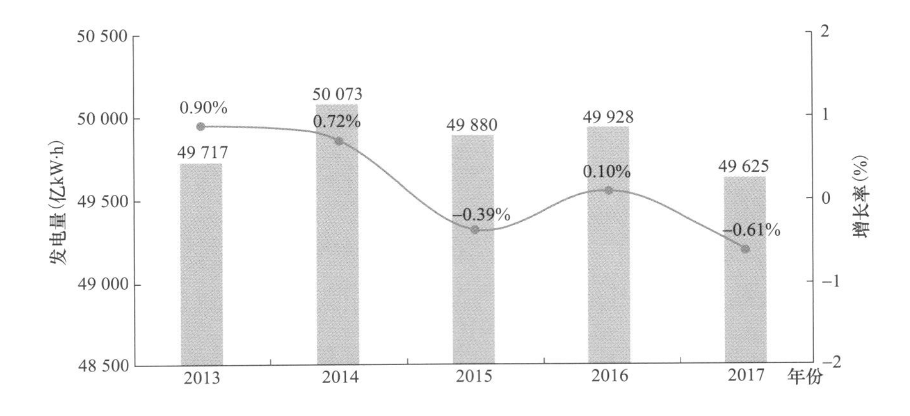

图 1-5　2013—2017 年北美地区发电量

数据来源：Enerdata，Global Energy Statistical Yearbook 2018。

北美发电量整体维持稳定，可再生能源发电持续上升。2017 年，北美总发电量 52 907 亿 kW•h，同比下降 0.16%。其中，火电发电量同比下降 3%，占比 62%；核电同比增长 1.1%，占比 18%；水电同比增长 3.7%，占比 13.4%；可再生能源发电同比增长 22.3%，占比 6.2%。

（二）电力消费

北美整体用电量较上一年有小幅上升，东部电网增长明显，西部电网和得州电网有所下降。如图 1-6 所示，2017 年，北美电网地区用电量为 40 393 亿 kW•h，同比上升约 0.6%。其中东部电网用电量为 29 518 亿 kW•h，同比上升 1.8%；得州电网用电量为 3564 亿 kW•h，同比下降 5.18%。各独立运营商范围内，MISO 和PJM 所辖地区用电量增长较快，增速分别达到 4.9%和 2.9%。

北美电网最大用电负荷缓慢增长，其中西部电网负荷明显下降。2017 年，北美最大用电负荷发生在夏季，达到 77 615.5 万 kW，同比增长 1%。其中得州电网增速较快，达到 2.6%；西部电网同比下降幅度较大，达 4.3%，但电量

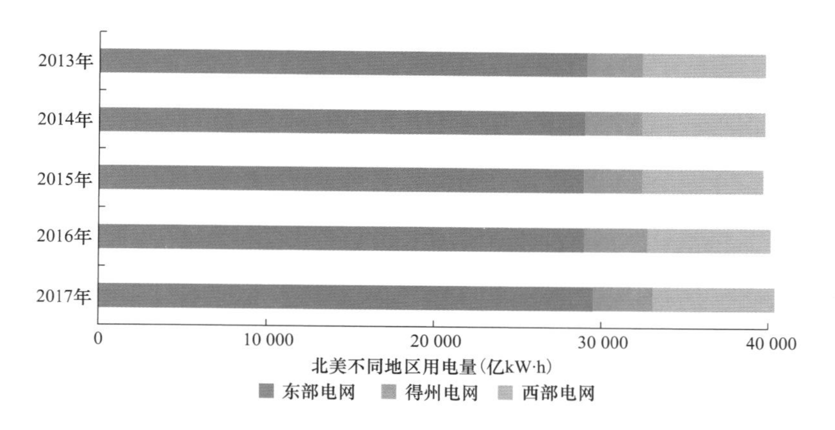

图 1-6 2013—2017 年北美不同地区用电量

仅降低 0.8%，需求响应政策效果突出。各独立运营商中，MISO 和 NPCC 所辖地区负荷增长较快，增速分别为 4.6%和 3.5%；PJM 增速放缓，仅增长 0.5%，电量增速与负荷增速之比超过 5，为所有 ISO 中最高。2013—2017 年北美不同地区最大用电负荷见图 1-7。

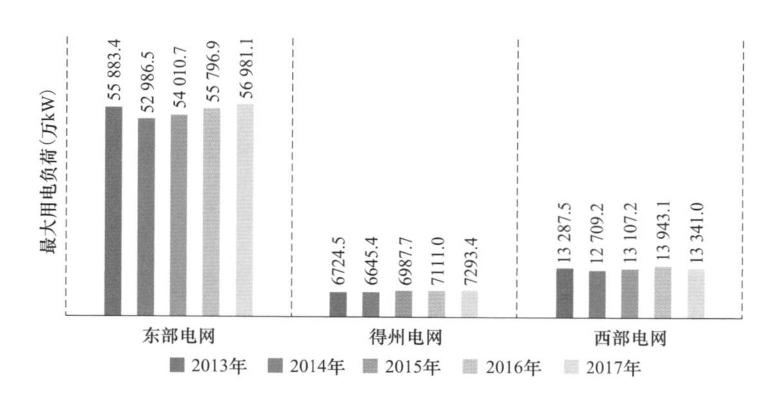

图 1-7 2013—2017 年北美不同地区最大用电负荷

1.1.4 电网发展水平

(一) 电网规模

电力需求增速趋缓，伴随电源结构的持续变化，输电网规模略有上升。截至 2017 年底，北美电网 110kV 及以上电压等级线路长度达到 754 147km，同比增长 0.49%，增速约为 2012—2016 年平均增速的 73.4%。2017 年，新建线路长度为 3723km，其中新建线路主要集中在 220～345kV 电压等级，约占新建线路的 71.8%，450/500kV 及以上电压等级线路规模保持稳定。2012—2017 年北美电网 100kV 以上输电线路长度见表 1 - 2。

表 1 - 2　　2012—2017 年北美电网 100kV 以上输电线路长度　　km

电压等级	2012 年	2013 年	2014 年	2015 年	2016 年	2017 年
115kV	205 774	205 982	206 922	207 987	208 652	209 139
138/161kV	179 466	180 023	181 060	182 013	183 220	183 782
220/230/240/287kV	165 187	166 201	167 150	168 478	169 285	170 655
315/320/345kV	99 841	101 086	103 166	104 782	106 369	107 673
450/500kV	64 980	65 221	65 728	67 607	67 676	67 676
735/765kV	15 221	15 221	15 221	15 221	15 221	15 221
总计	730 469	733 734	739 247	746 089	750 424	754 147

数据来源：Global Electricity Transmission Report。

目前，北美电网新建输电线路的首要驱动因素是提高供电可靠性（占 78%），其次为间歇式新能源接入（占 13%）。核电和燃煤机组加速退役，燃气和可再生能源装机快速增长，电源布局和电网稳定特性发生显著变化；新能源的快速发展，增加了电网传输容量的需求；为实现政策目标，也必须保证电网建设的适当超前。因此，虽然电力需求保持相对平稳，未来仍需新建大量输电线路保证现有电网的安全可靠运行。北美电网预计 2021 年之前新增 220kV 及以上输电线路 9978km，与过去十年的新增规模大体相同。

（二）网架结构

北美电网中跨国互联线路不断增加，提升区域互济能力。目前，几乎所有与美国相邻的加拿大各省都与美国相连，互联输电线路达 35 回，主要联络线电压等级从 69kV 至 765kV 不等，以 230kV 为主。美国在加利福尼亚州、新墨西哥州和得克萨斯州与墨西哥电网通过 4 条 230kV 线路互联。近年来，美国和加拿大进一步加强能源电力合作，陆续批准多条跨境输电通道，将加拿大的清洁能源输送到美国北部。在建的美加跨境输电项目如表 1 - 3 所示。

表 1 - 3　在建的美加跨境输电项目

项目名称	项目内容	批准时间	预计投产时间
New England Clean Power Link	新建±300～320kV 线路 153.8mile，将电力从加拿大魁北克省送至美国佛蒙特州，功率限额 1000MW	2014 年 10 月	2022 年
Northern Pass Transmission Line	新建±300kV 线路 153mile，将电力从美加边境送至美国新罕布什尔州富兰克林，并新建 345kV 线路 34 英里，将电力从富兰克林送至迪尔菲尔德，功率限额 1080MW	2016 年 11 月	2020 年
Woodstock - Houlton International Power Line	新建 69kV 线路 9.3mile，将电力从加拿大伍德斯托克送至美加边境一新建变电站，新建 38kV 线路 1.5mile，将电力从该变电站送至美国缅因州，功率限额 30MW	2016 年 12 月	2019 年
ITC Lake Erie Connector	新建±320kV 线路 72mile，将电力从加拿大安大略省送至美国宾夕法尼亚州，功率限额 1000MW	2017 年 1 月	2023 年
Great Northern Transmission Line	新建 500kV 线路 224mile，将电力从加拿大马尼托巴省送至美国明尼苏达州，功率限额南向 883MW，北向 750MW	2017 年 11 月	2019 年
Champlain Hudson Power Express Transmission Line	新建±300～320kV 线路 336mile，将电力从加拿大送至美国纽约皇后区，功率限额 1000MW	2017 年 11 月	2019 年

通过补强区域内电网短板，辅以区域间通道建设，满足负荷增长、电网稳定和新能源接入需求。区域内电网建设方面，2017 年北美联合电网长期稳定评估报告提到的主要输电工程包括：①NPCC - Maritimes 区域的 New Brunswick 138kV 架空线路和 Newfoundland 到 Nova Scotia±200kV 海底电缆，用以提高孤岛传输容量，应对机组退役。②Texas RE - ERCOT 区域的 Limestone 到

Zenith 的 130mile 345kV 双回路线，用以支持休斯顿地区预期的长期负荷增长。③NPCC－Québec 区域的 James Bay 至 Montreal 的 250mile 735kV 线路，为蒙特利尔北岸提供新的电源点，并提高灵活性并减少损耗。区域间通道方面，Southern Cross 项目预计在 2022 年投入运营，为得州和东部电网之间提供 200 万 kW 传输容量。

（三）运行交易

可再生能源的大量接入，一旦出现大面积严重脱网事件，将对电网造成严重影响。2016 年 8 月，加利福尼亚州 500kV 线路故障导致 1000MW 光伏脱网；2017 年 10 月，加利福尼亚州 220kV 和 500kV 线路相间故障导致 900MW 光伏脱网。光伏通过逆变器接入电网，由于周期瞬态过电压，逆变器瞬时保护动作而离线跳闸，造成脱网事件。2017 年，NERC 启动了新的工作组（IRPTF），研究逆变器在各种情况下的性能，通知相关企业潜在风险及其缓解措施。

电力系统和天然气系统的耦合性不断增强，天然气供应中断将导致供电可靠性受到威胁。NERC 调查发现，天然气供应中断可能产生不同的影响与天然气供应源的数量和距离、与管道系统相连的燃气机组发电量及市场和监管要求等多项因素相关。提升电网传输能力、燃气机组双燃料改造、发电结构多样化、投资储电设备，以及实施综合协调规划等措施，可以显著减轻天然气供应中断风险。FERC 陆续颁布 787 号和 809 号法令，促进天然气/电力系统协调运行。

北美联合电网交易电量略有下降，美国进口电量减少，出口电量大幅增长。2017 年，北美进出口电量 7506 亿 kW·h，同比降低 4.9%。其中，美国从加拿大进口电量为 5991 亿 kW·h，同比下降 8.1%，较 2015 年峰值下降 12.5%，回落至 2012 年水平。美国出口墨西哥电量连续两年快速增长，2017 年大幅提升 71.5%，首次出现电力贸易顺差，如表 1－4 所示。从贸易和环境角度出发，美国北部各州仍将大量进口加拿大的清洁低价电力，美国电力净进口国的状态长期不会改变。

表 1-4　　2011—2017 年美国跨境电力交易量　　万 kW·h

国家	加拿大		墨西哥		合计	
类别	进口电量	出口电量	进口电量	出口电量	进口电量	出口电量
2011 年	51 075 952	14 398 470	1 223 758	650 082	52 299 710	15 048 552
2012 年	57 971 110	11 392 267	1 285 959	603 382	59 257 069	11 995 649
2013 年	62 739 038	10 694 907	6 207 597	678 300	68 946 635	11 373 207
2014 年	59 369 660	12 860 889	7 140 624	437 364	66 510 284	13 298 253
2015 年	68 462 277	8 707 873	7 308 192	392 016	75 770 469	9 099 889
2016 年	65 173 818	2 682 381	7 542 445	3 531 636	72 716 263	6 214 017
2017 年	59 909 320	3 312 798	5 775 597	6 058 005	65 684 917	9 370 803

（四）智能化

美国智能电能表覆盖率整体稳步提升，但各州政策不同，发展态势差异明显。截至 2017 年底，美国安装的智能电能表数量达到 7600 万只，同比增长 5.6%，覆盖率达到 50.3%，提高 2 个百分点。部署智能电能表较早的加利福尼亚、内达华、乔治亚等州覆盖率 2013 年已达到 80%，并在近年来稳步提升；密歇根、堪萨斯、伊利诺伊等州智能电能表覆盖加速推进，覆盖率超过 50%；西弗吉尼亚、爱荷华、新墨西哥等十多个州覆盖率仍在 20%以下，且无明显增长趋势。

多州发布或延续智能电能表部署计划，并开展相关工作，提高电网的现代化水平。新墨西哥发布智能电能表部署计划，2018—2019 年向其 53.1 万名客户部署先进的电能表；伊利诺伊州基于智能电能表实现远程识别停电范围，优化停电恢复流程，减少运行成本；加利福尼亚、夏威夷等州部署多个示范项目，以提高需求响应水平和电网对分布式能源的消纳能力；马里兰州在电动汽车和储能服务、配电网规划和市场规则设计等方面开展电网现代化工作；麻萨诸塞州在配电网自动化、储能研究和示范、电动汽车充电基础设施等方面加大投资，以提高配电网现代化水平。智能电能表的部署和能源数据的利用，将提高运营商的管理水平，进一步提升用户用能体验。2009 年以来美国智能电能表安装数量见图 1-8。

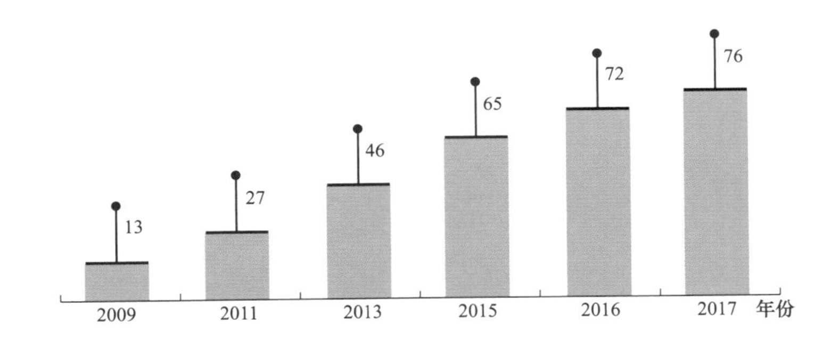

图 1-8　2009 年以来美国智能电能表安装数量（单位：百万只）

数据来源：FORM EIA-861。

（五）储能发展

美国电网级电化学储能规模持续提高，在调频辅助服务和削峰填谷等领域开始商业化应用。截至 2017 年底，美国电化学储能项目累计装机规模达 708MW/867MW·h。过去三年新增规模占到总投运规模的 2/3。超过 80%的电池储能容量使用的是锂离子电池。从区域上看，PJM、CAISO、ERCOT、MISO、ISO-NE 合计占到美国储能总规模的 90%以上。PJM 和 CAISO 区域电力市场分别是美国储能功率规模和能量规模最大的地区。PJM 通过完善调频辅助服务规则，促进了调频储能市场的快速发展，装机规模占 39%。2017 年初，PJM 修订市场规则，用以解决储能发展带来的控制系统管理问题。加州储能以提供能量服务为主，主要解决储气库泄漏带来的供电稳定性问题，以提供 4 小时备用容量的要求。2017 年美国储能项目规模及分布见图 1-9。

美国分布式储能规模保持增长，居民侧储能进入推广应用阶段。2017 年，美国分布式储能容量达到 54MW，同比上升 26.5%。工业、商业和居民储能规模分别达到 8.8、41.4MW 和 2.3MW，其中居民侧储能实现了量级的突破。分

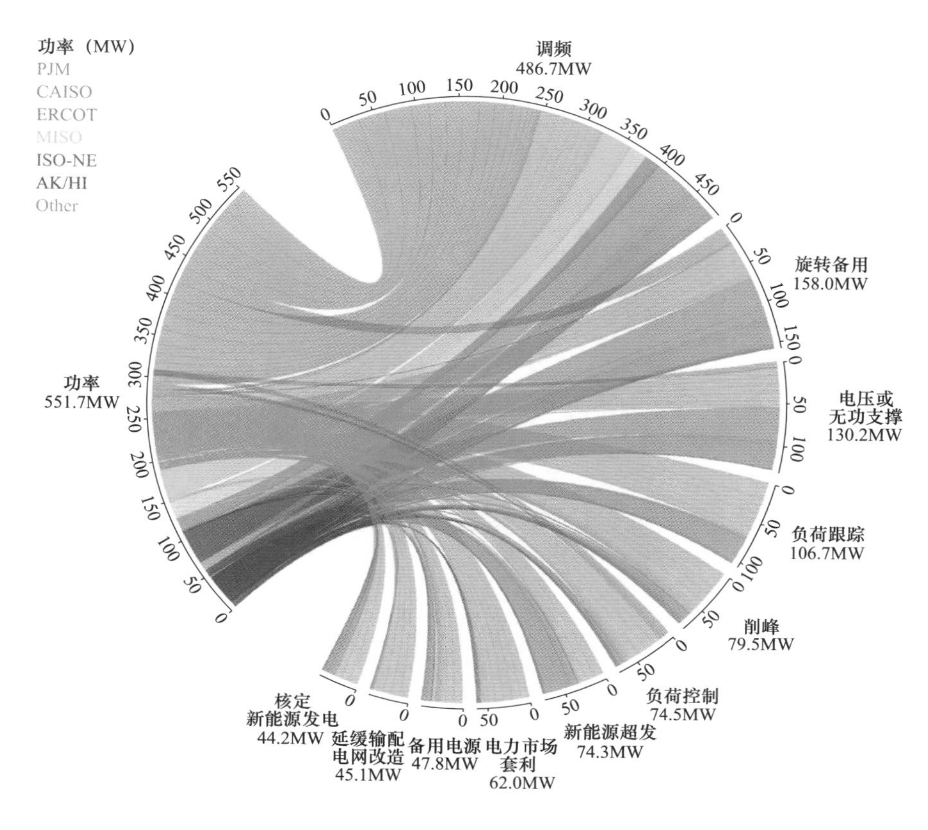

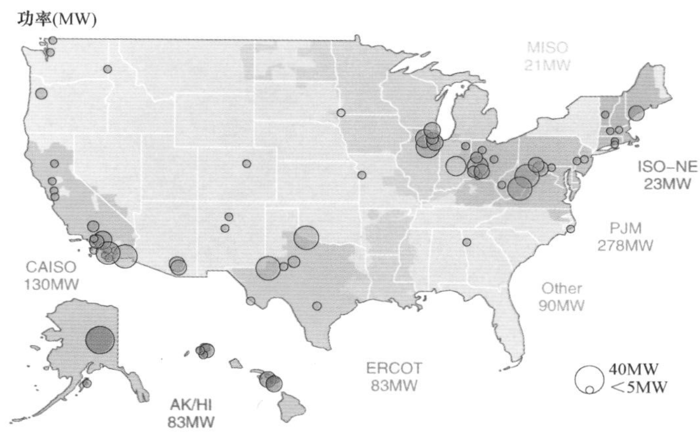

图 1-9　2017 年美国储能项目规模及分布图（一）

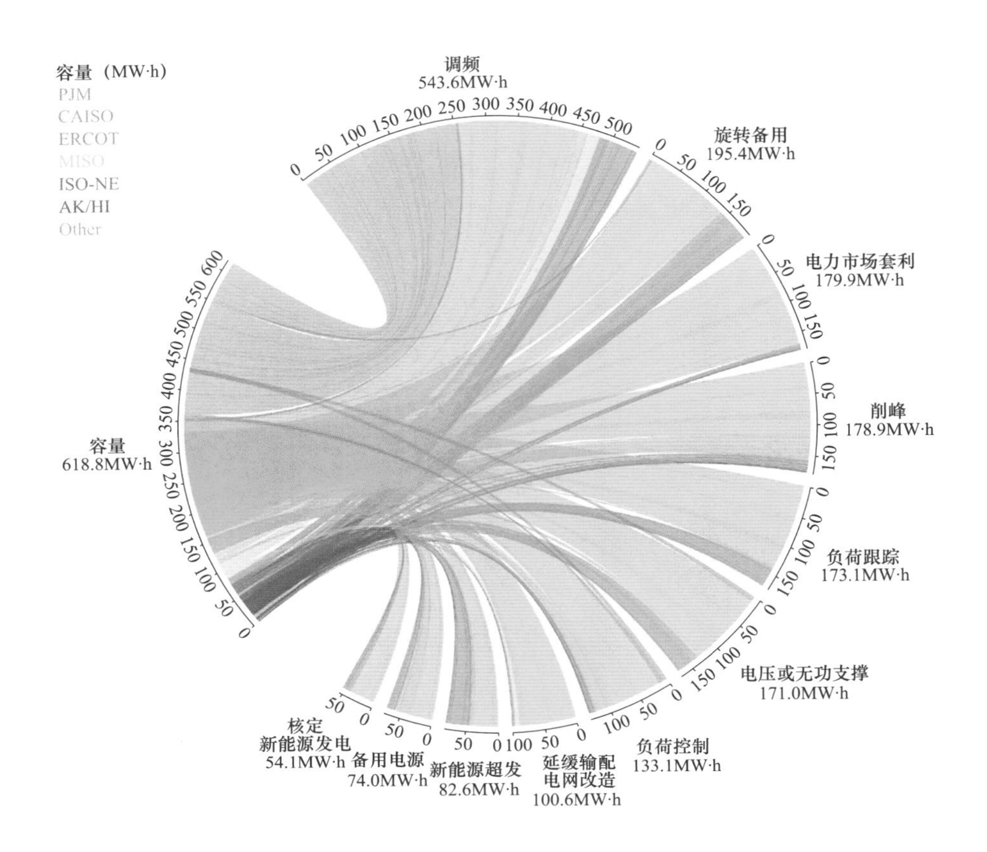

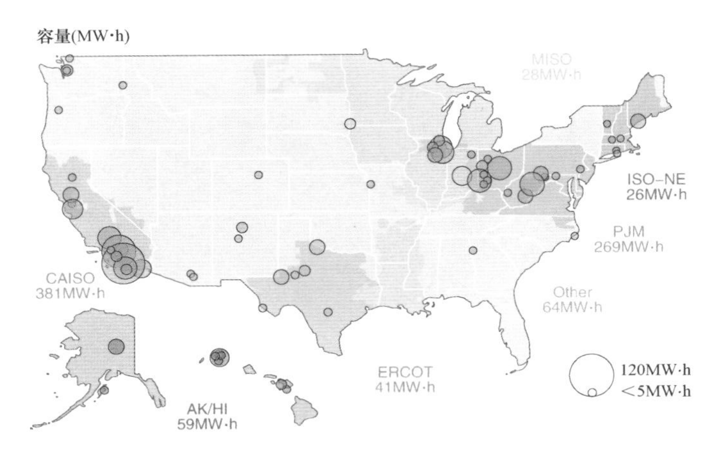

图 1-9　2017 年美国储能项目规模及分布图（二）

布式光伏装机同比增长 28.4%，其中居民侧同比增长 117.7%，未来居民侧储能的应用规模将呈现较好的发展态势。加州是小型储能系统（<1MW）的主要应用地区，美国 90%的小型储能系统都应用于加州。CAISO 一方面积极推动工商业用户侧储能电站的建设，另一方面还正在积极通过与用户共享资产的模式，集成用户侧分布式储能资源提供电力服务。伴随储能及分布式能源的发展，售电侧电力市场投资多元化和电力双向传输方式的出现都会对配电网的规划建设、调度运行、电价机制以及交易结算产生深远影响。

修订批发电力市场规则和制定州政府储能政策法案是美国推动储能应用的主要抓手。在批发电力市场规则方面，2018 年 2 月，FREC 发布第 841 号法案，要求系统运营商降低储能参与电力市场的限制。系统运营商还出台相关规则，包括将储能列为一类独立的电力资产，定义储能参与电力市场的模式，降低储能参与电力市场的最小规模要求，允许储能并网，定义储能时长要求等。在州政府政策方面，主要方案包括制订采购目标，建立经济激励，将储能纳入综合资源进行统筹规划等。

1.2 欧洲互联电网

欧洲互联电网（简称“欧洲电网”）包括欧洲大陆、北欧、波罗的海、英国、爱尔兰五个同步电网区域，由欧洲输电联盟（ENTSO－E）负责协调管理。欧洲电网覆盖区域（简称“欧洲区域”）包括德国、丹麦、西班牙、法国、希腊、克罗地亚、意大利、荷兰、葡萄牙等在内的 36 个国家和地区的 43 个电网运营商，跨国输电线路长度 47.8 万 km，供电人口超过 5 亿。欧洲电网区域分布如图 1－10 所示。

1.2.1 经济社会概况

欧洲经济缓慢复苏，西班牙经济稳步上升，荷兰成为经济增长最快的国

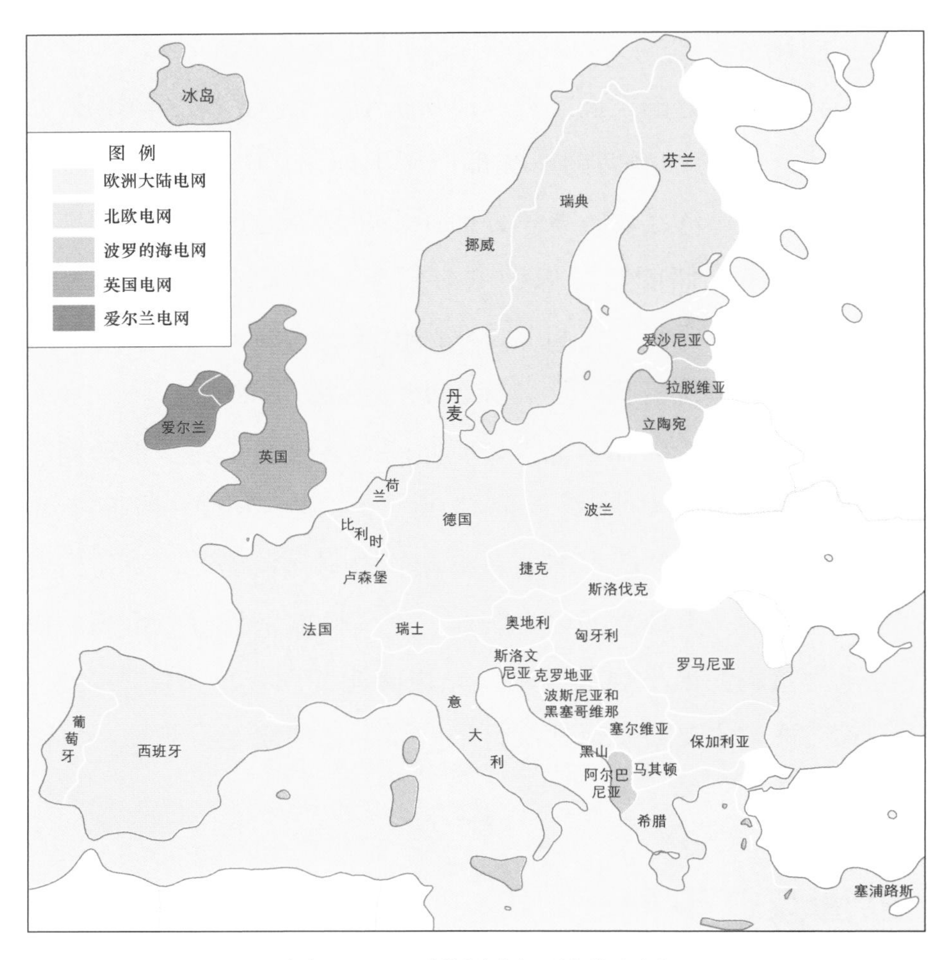

图 1-10　欧洲电网区域分布图

家。如图 1-11 所示，2017 年，欧洲地区[1] GDP 达到 21.2 万亿美元，同比增长 2.65%，高于前五年增速，其中法国、意大利、希腊增速不超过 2%，西班牙受益于外贸增长、经济多元，连续三年增速超过 3%，荷兰增速达到 3.16%。

欧洲地区能源强度持续下降，能源消费总量有所增加，增速近年来最高。如图 1-12 所示，2017 年，欧洲地区能源强度进一步降为 0.078kgoe/美元（2015 年价），同期全球平均值为 0.116kgoe/美元（2015 年价），欧洲能源强度

[1] 本节中所指欧洲地区包含欧盟 28 国，以及挪威、瑞士、土耳其、冰岛、波斯尼亚和黑塞哥维那、塞尔维亚、黑山、马其顿、阿尔巴尼亚。后同。

在全球各大洲中最低；一次能源消费总量为1856.6Mtoe，较上年增长1.96%，增速为近年来最高。

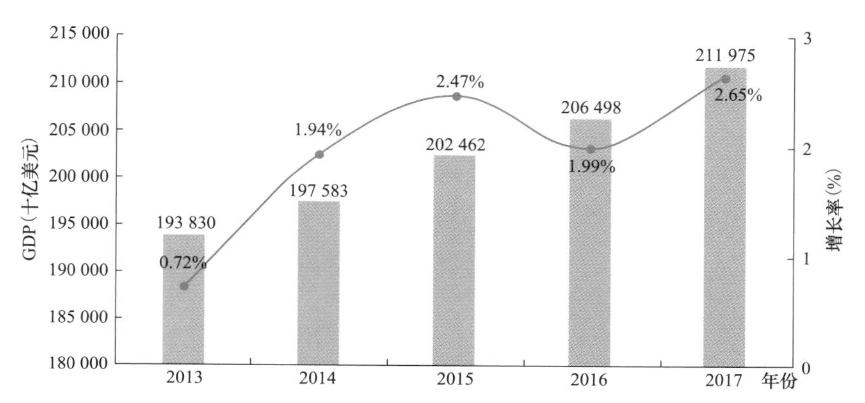

图1-11 2013—2017年欧洲地区GDP及其增长率（以2010年不变价美元计）

数据来源：WorldBank。

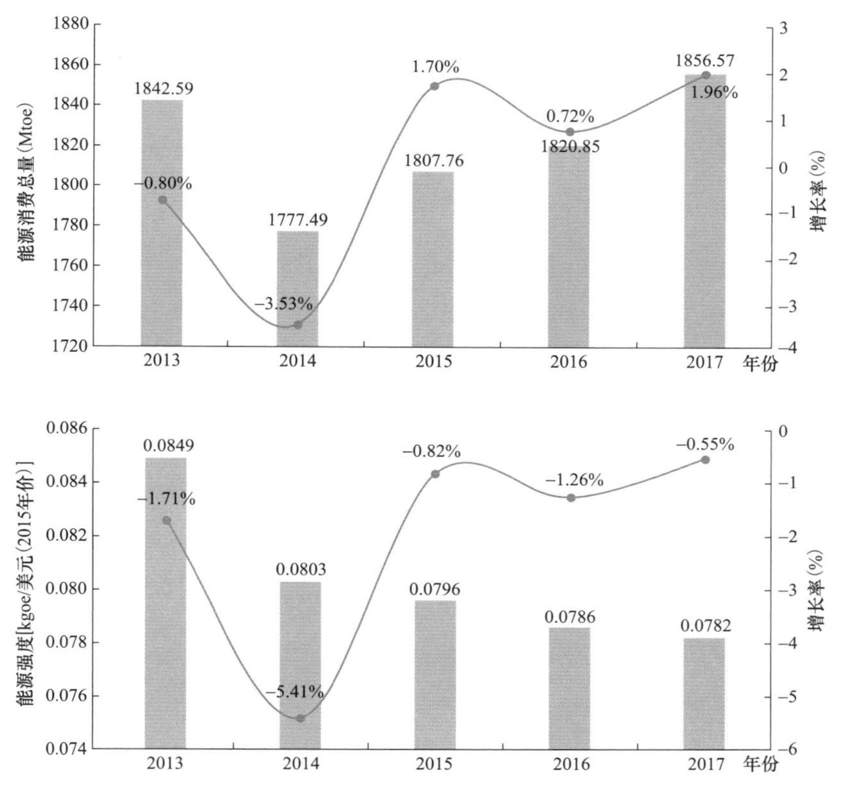

图1-12 2013—2017年欧洲地区能源消费总量、强度情况

数据来源：WorldBank，Enerdata Energy Statistical Yearbook 2018。

1.2.2 能源电力政策

（1）加快能源转型。欧洲多国相继提出能源转型相关计划，以优化能源结构，实现温室气体减排目标。计划主要集中在脱煤、脱核、提升可再生能源比例以及新能源汽车逐步取代燃油汽车等方面。

延伸阅读——欧洲各国能源转型政策要点

英国：

1）英国政府计划在2025年前全面淘汰境内的燃煤发电厂，更多地使用可再生能源，以减少温室气体排放。英国国家电力公司在2017年4月实现了连续24小时未使用燃煤机组供电，这是英国自1882年启动世界第一台燃煤发电机以来的首次。

2）英国政府于2017年7月宣布将于2040年起全面禁售汽油和柴油汽车，届时市场上只允许电动汽车等新能源环保车辆销售。

法国：

1）法国总统马克龙于2018年2月在达沃斯论坛上宣布，法国将在2021年关停全部的燃煤电站。

2）为降低对核电的依赖，法国计划在2025年前将核电发电占比降至50%。截至2017年，核电发电量占法国全国发电量的比例仍超过71%。

3）2017年7月，法国环境部部长宣布将于2040年前彻底禁售燃油车。

4）2017年9月，法国政府宣布启动为期5年的570亿欧元投资计划，将有约200亿欧元用于国家能源转型。其中，90亿欧元将用于提高能源效率，70亿欧元用于促进可再生能源发展，40亿欧元用于向新能源汽车的转型。

德国：

1）受到民众弃核呼声的压力，早在2011年当时的德国执政联盟就宣布计划于2021年前彻底放弃核电，其中3座核电站在新能源无法满足负荷需求情况下可以延期服役1年。

2）2017年燃煤发电仍占德国发电量的36.8%，国内不同政党对淘汰燃煤发电的观点尚不统一。德国政府于2018年6月任命了一个委员会，负责在2018年底前制定出淘汰燃煤发电的时间表。

3）作为传统汽车工业大国，德国政府对禁售燃油车的态度仍不明确。虽然默克尔总理表示德国最终会效仿其他国家禁售燃油车，但并没有给出确切的时间表。

其他国家：

1）2018年7月，爱尔兰下议院通过了一项化石燃料撤资法案，包括煤炭、石油和天然气等产业在内的所有投资将在5年内被撤出。爱尔兰成为世界上首个放弃化石能源投资的国家。

2）在2017年11月举行的联合国气候变化波恩会议上，逾25个国家和地区组成了“弃煤电联盟”，承诺2030年前停止使用煤炭发电。其中包括比利时、丹麦、芬兰、意大利、葡萄牙、荷兰等欧洲国家。

3）挪威宣布2025年前停止销售化石燃料汽车；荷兰政府宣布2030年前禁售燃油汽车。

（2）推进欧洲电网发展。2018年上半年欧洲输电联盟公布了第五版规划（TYNDP 2018）征求意见稿，对欧洲互联电网未来需求、发展路径和投资效益分析做出了说明。最终版本计划于2018年底发布。

延伸阅读——TYNDP 2018 政策要点

1）TYNDP 2018 在 2016 年第四版基础上做出了许多改进，主要包括：①首次联合欧洲输气联盟（ENTSO－G）、用户以及非政府组织（NGOs）共同设计了欧洲综合能源系统未来发展场景集；②首次将远期规划时间点延伸至 2040 年，分析了 2040 年欧洲互联电网的需求与发展路径；③首次在市场及网络分析模型中增加了克里特岛、突尼斯、科西嘉岛和以色列地区，使得对互联电网的分析更加准确全面。

2）TYNDP 2018 在不同场景下，对欧洲互联电网 2030 和 2040 年的发展做出了规划，主要发展目标包括：可再生能源发电在 2030 年覆盖 48%～58%负荷需求，2040 年达到 65%～75%；与 1990 年排放水平相比，CO_2 排放在 2030 年减少 65%～75%，2040 年减少 80%～90%；2030 年发电成本节省 20 亿～50 亿欧元，2040 年减少可再生能源弃电 580 亿～1560 亿 kW•h。

3）为完成规划的目标，TYNDP 2018 计划于 2030 年前在 166 个输电项目和 15 个储能项目中投入 1140 亿欧元，以完善欧洲互联电网的基础建设。在计划项目中，地下或海底电缆及高压直流线路比例显著上升。

（3）促进可再生能源发展。英国政府于 2017 年 4 月起，用“可再生能源差价合约”制度替代了“可再生能源义务证书”制度，并将于 2019 年 4 月起停止“固定价格收购”政策，并且没有提供替代的补贴政策。此前，英国政府先后针对不同规模的可再生能源项目引入了“可再生能源义务证书”制度和“固定价格收购”政策，在促进可再生能源发展的同时，也带来了一定的弊端。

延伸阅读——英国可再生能源补贴相关政策要点解读

1）针对小规模可再生能源与低碳发电技术：

英国政府于 2010 年引入了“固定价格收购”政策（feed - in tariff，FiT）。该补贴政策适用于装机容量不超过 5MW 的水电、风电、太阳能光伏发电和生物质能发电，以及装机容量不超过 2kW 的微型热电联产项目。FiT 政策出台以来，极大地促进了英国户用及小型商业光伏发电系统的发展，但大量的补贴也给英国财政带来了很大压力。2017 年底，英国财政部宣布“固定价格收购”政策将于 2019 年 4 月停止。

2）针对大型可再生能源项目：

英国政府于 2002 年启动了“可再生能源义务证书”（renewable obligation，RO）制度。电力供应商可从可再生能源发电商处购买可再生能源义务证书或在二级市场交易证书，相关收入可以补贴大型可再生能源发电项目的前期投资。RO 制度自启动以来，英国的可再生能源装机容量大幅提升，但也导致了可再生能源发电成本居高不下，最终这些成本均转嫁至电力消费者身上。英国政府于 2015 年引入了新的可再生能源差价合约（contracts for difference，CfDs）机制，旨在将补贴政策与市场竞争融合，提高投资者收益的确定性，降低项目融资成本和政策成本。2017 年 4 月以前，两机制并行运行，2017 年 4 月以后 CfDs 机制彻底取代了 RO 机制。

（4）促进产业发展。2017 年 11 月，英国政府发布《产业战略：建设适应未来的英国》白皮书，针对英国未来面对的挑战，提出了产业发展新战略，以促进经济发展，应对“脱欧”挑战。其中，对清洁能源、电动汽车等提出了发展目标和具体的鼓励政策。

延伸阅读——英国《产业战略》白皮书要点

英国政府提出《产业战略》白皮书的目的是通过对技术、产业和基础设施的投资，以支持企业创造更优质的工作岗位，提高人民的收入和社会生产力。白皮书分析了英国未来产业经济面临的四方面重大挑战：人工智能与大数据经济、清洁低碳增长、交通出行和社会老龄化压力。针对挑战，白皮书还给出了英国实现未来经济转型所需的五方面基础要素：创新能力、人才培养、基础设施、营商环境、地方发展。

1.2.3 电力供需形势

（一）电力供应

欧洲电网电力总装机容量持续增长，新增装机主要来自于可再生能源，海上风电增长迅速，火电和核电呈现负增长。2017 年，欧洲互联电网电力总装机容量达到 11.52 亿 kW，同比增长 1.34%。可再生能源（含水）装机容量持续增长，达到 5.34 亿 kW，占总装机容量的 46.33%，同比增长 5.95%；其中，风电增长较快，装机容量达到 1.74 亿 kW，占总装机容量的 13.88%。ENTSO-E 成员国中，可再生能源装机量最多的是德国，达到 1.10 亿 kW，其次为意大利和法国。2013—2017 年欧洲地区不同类型装机容量见图 1-13。

欧洲电网发电量小幅增长，风电增长迅速。2017 年，欧洲互联电网总发电量达到 36 763 亿 kW·h，同比增长 1.1%。火电发电量占比最多达到 42.9%，增速为 2.8%；核电占比连续多年小幅下降，占比为 22.0%；可再生能源发电量保持增长趋势，占比升到 33.4%，增速为 2.3%。ENTSO-E 成员国中，发电量最多的是德国，其次是法国和英国。2013—2017 年欧洲地区不同类型装机发电量见图 1-14。

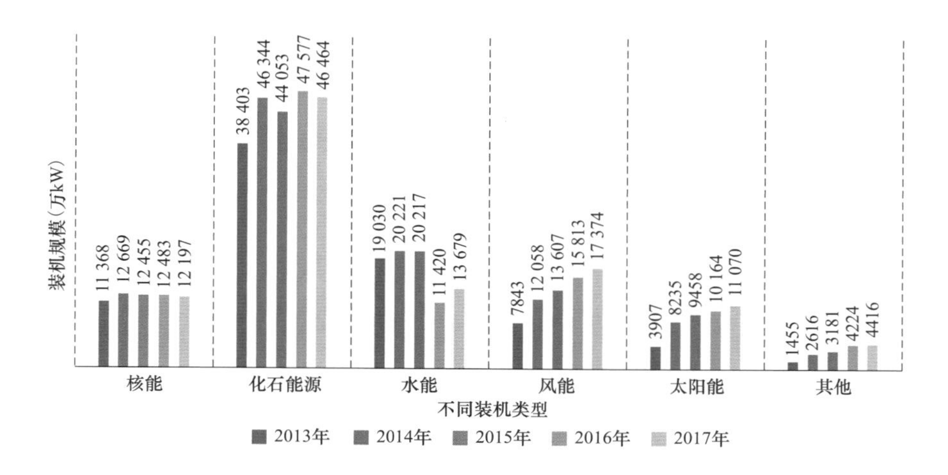

图 1-13 2013—2017 年欧洲地区不同类型装机容量

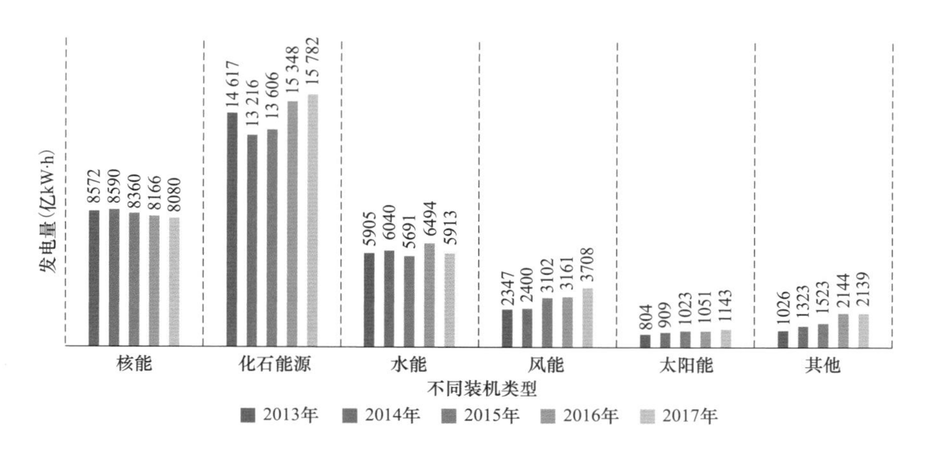

图 1-14 2013—2017 年欧洲地区不同类型装机发电量

欧洲互联电网各成员国间交换电量在波动中上升。2017 年，欧洲电网各国之间的电力交易规模达到 4348 亿 kW·h，占总发电量的 11.83%。其中，德国、法国为主要电力出口国，净出口电量分别为 554 亿 kW·h 和 402 亿 kW·h；意大利、芬兰、英国为主要电力进口国，净进口电量分别为 378 亿、204 亿、164 亿 kW·h。2013—2017 年欧洲地区交易电量见图 1-15。

（二）电力消费

欧洲电力消费总量连续三年保持增长，但增速有所放缓。如图 1-16 所示，

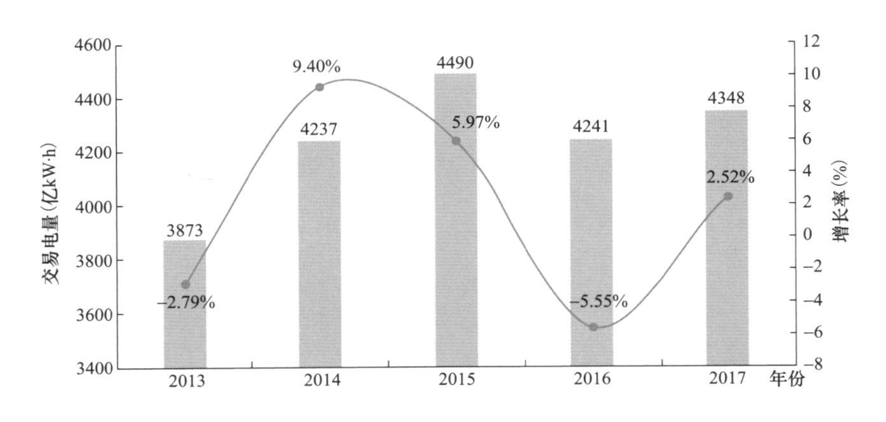

图 1-15　2013—2017 年欧洲地区交易电量

2017 年，ENTSO-E 成员国电力消费总量为 36 342 亿 kW·h，同比增长 1.12%，实现连续三年正增长。其中，德国、法国、英国、意大利、土耳其、西班牙为电力消费的主要国家，分别占 14.82%、13.26%、8.94%、8.82%、8.10%和 7.38%。2016 年，土耳其加入欧洲电网，因统计口径差异，导致用电量统计值陡增。

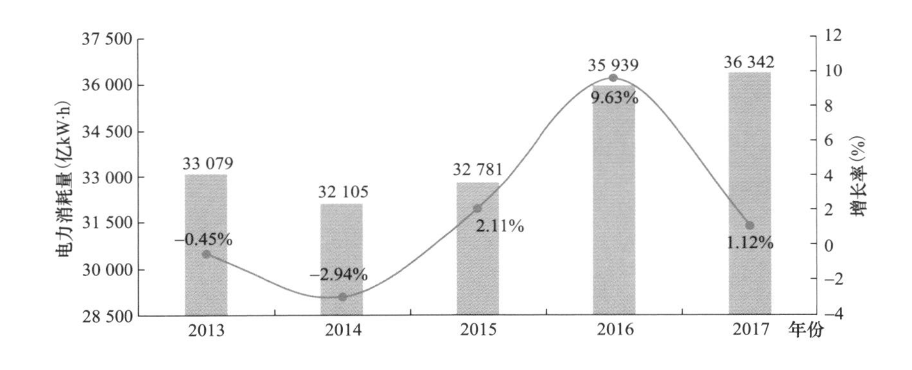

图 1-16　2013—2017 年欧洲地区用电量

注：2016 年，土耳其加入欧洲电网，用电量统计值陡增。

欧洲电网最大用电负荷在连续两年正增长后转为负增长。如图 1-17 所示，2017 年，欧洲电网的最大用电负荷达到了 58 128 万 kW，同比减少 0.83%。各国最大用电负荷一般出现在 12 月或 1 月，主要负荷集中于法国、德国、英国、意大利，分别占16.3%、13.5%、11%和9.7%。

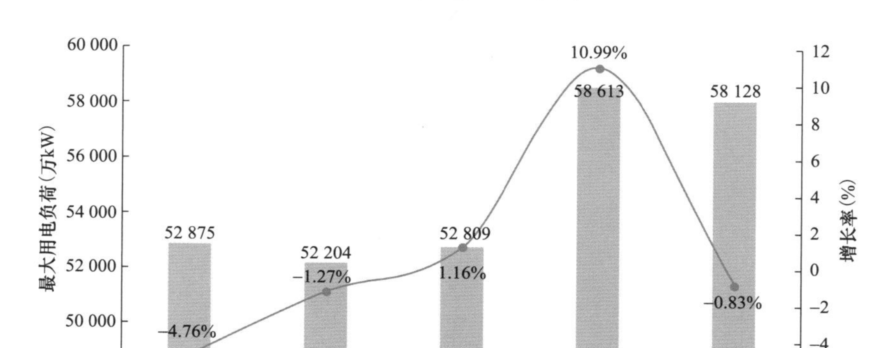

图1-17　2013—2017年欧洲地区最大用电负荷

注：2016年，土耳其加入欧洲电网，最大负荷统计值陡增。

1.2.4　电网发展水平

（一）电网规模

欧洲电网输电线路总规模近五年来首次出现负增长，直流输电通道增长迅速。欧洲电网以陆地交流互联为主，跨海直流互联为辅，主网架以380kV为主，欧洲电网常见的电压等级为750、400、380、330、285kV和220kV。截至2017年底，欧洲电网220kV及以上输电线路总长度约315 079km，较上年减少5.17%。其中，线路长度减少集中在220～380kV电压等级，该电压等级线路已连续两年有明显萎缩；跨海、跨国直流输电线路长度持续增加，同比增长5.34%，增速较上年有所放缓。2013—2017年欧洲电网220kV及以上输电线路长度如表1-5所示。

表1-5　2013—2017年欧洲电网220kV及以上输电线路长度　km

电压等级	2013年	2014年	2015年	2016年	2017年
220～380kV	150 500	150 955	151 369	133 844	129 619
380～400kV	151 272	155 548	156 712	173 233	177 556

续表

电压等级	2013 年	2014 年	2015 年	2016 年	2017 年
750kV	471	471	471	382	385
直流	5260	5719	5676	7138	7519
总计	307 503	312 693	314 228	332 244	315 079

（二）网架结构

波罗的海三国（立陶宛、拉脱维亚、爱沙尼亚）与波兰电网计划 2025 年“脱俄入欧”，将形成“波罗的海一欧洲大陆”同步电网。2018 年 6 月 28 日，欧盟主席与波罗的海三国及波兰领导人共同签署协议，计划于 2025 年实现以上 4 国电网与欧洲大陆地区电网的同步。波罗的海地区电网目前与俄罗斯及白俄罗斯电网同步运行，通过 4 条跨海直流输电线路与北欧电网相连。与欧洲大陆电网同步运行后，将形成“波罗的海一欧洲大陆”同步电网，促进更大规模电力市场的形成，加强欧洲互联电网的电能交易。

（三）运行交易

欧洲电网跨国联络线路整体规模保持稳定，成员内部电力交易频繁，与外部电力交易量持续下降。2017 年，ENTSO－E 成员国之间交易电量达到 4348.3 亿 kW·h，同比增长 2.5%，占总发电量的 11.8%；与外部交易电量约 325.1 亿 kW·h，同比下降 10.9%，且已经持续多年呈下降趋势。德国是最大的电力出口国，净出口电量达 553.7 亿 kW·h；意大利是最大的电力进口国，净进口电量达 377.5 亿 kW·h。截至 2017 年底，欧洲互联电网共建成 393 条交流和 30 条直流跨国输电线路，分别较上年减少和增加了 1 条线路，整体规模保持稳定。

（四）储能发展

欧洲储能市场规模持续高速增长。欧洲储能市场的快速发展主要受到高比例可再生能源并网对于提升系统稳定性、灵活性，以及延缓老旧设施升级改造、增强海岛等薄弱地区供电可靠性需求的驱动。截至 2017 年末欧洲储能市场容量（不包含抽水蓄能）达到1.6GW•h，增长率连续两年维持在50%左右，预计2019年将达到3.6GW•h。德国、英国仍是欧洲最重要的储能市场，2017年分别新增储能项目135MW和117MW。目前欧洲最大的储能系统容量48MW/50MW•h，位于德国亚尔德伦德。从储能应用场景来看，电网侧储能应用仍占主要地位，容量占比约55%，但较2015年的60%已有所下降。储能项目在电网侧的规模化应用主要受到调频服务需求的影响，例如受英国增强型频率响应市场的刺激，2017年英国电网侧储能容量新增了240MW•h。2018年以前，储能在电网侧的应用主要集中在一次调频，而目前德国正在简化申报程序，鼓励电网级储能项目参与二次调频和分钟级备用市场。户用储能方面，“光伏+储能”联合系统仍是主要应用场景。德国目前累计约有5.2万套储能系统服务于光伏发电装置，规模位列欧洲之首。

1.3 日本电网

日本电网覆盖面积37.8万km^2，供电人口约为1.27亿。日本列岛（不含冲绳地区）电网以本州为中心，分为西部电网和东部电网。西部电网包括中国、四国、九州、北陆、中部和关西6个电力公司，骨干网架是500kV输电线路，频率为60Hz，由关西电力公司负责调频。东部电网包括北海道、东北和东京3个电力公司，由网状500kV电力网供电。频率为50Hz，由东京电力公司负责调频。东部电网、西部电网因频率不同，采用直流背靠背联网，通过佐久间（30万kW）、新信浓（60万kW）和东清水（30万kW）三个变频站连接。此外还包含独立于东、西部电网的冲绳地区电网。大城市电力系统均采用500kV、275kV环形供电线路，并以275kV或154kV高压线路引入市区，广泛采用地下电缆系统和六氟化硫（SF_6）变电站。

1.3.1 经济社会概况

日本经济缓慢复苏。如图 1-18 所示，2017 年，日本 GDP 达到 6.2 万亿美元，增速达 1.7%；人均 GDP 达到 4.86 万美元，同比增长 1.9%。货币政策继续宽松刺激了投资缓慢增长，但严重的社会老龄化问题加重了政府债务负担，对经济增长带来长期负面影响，整体经济缓慢增长。

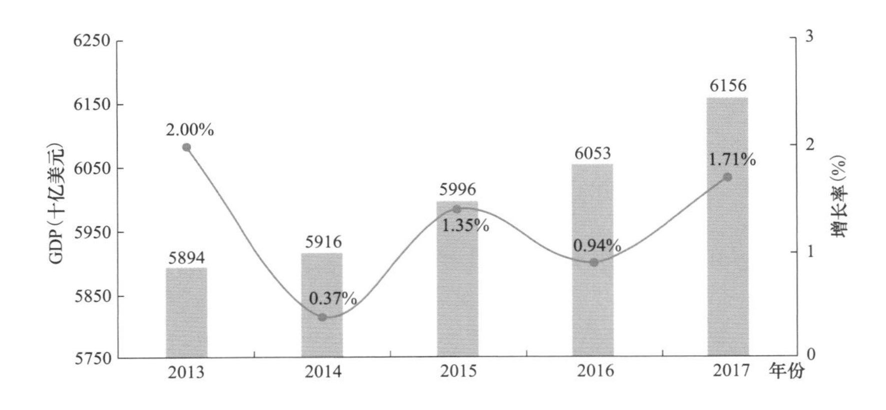

图 1-18　2013—2017 年日本 GDP 及其增长率（以 2010 年不变价美元计）

数据来源：WorldBank。

日本能源消费总量在连续三年下降后再次增长，能源强度下降趋势放缓。如图 1-19 所示，2017 年，日本能源消耗总量为 428.99Mtoe，同比增长 1.2%。持续推广先进能效技术，能源强度继续保持下降趋势，降幅缩小为 0.3%，达到 0.081kgoe/美元（2015 年价），为世界平均水平的 70%左右。

1.3.2 能源电力政策

日本国内资源匮乏，能源对外依存度较高，电价水平高于国外，加之福岛核事故以及《巴黎协定》减排承诺带来的能源清洁化、低碳化方面的压力，日本政府先后出台了一系列政策，主要战略目标为：优化能源结构布局，提高能源自给率；加快清洁能源发展，逐步实现低碳、脱碳。

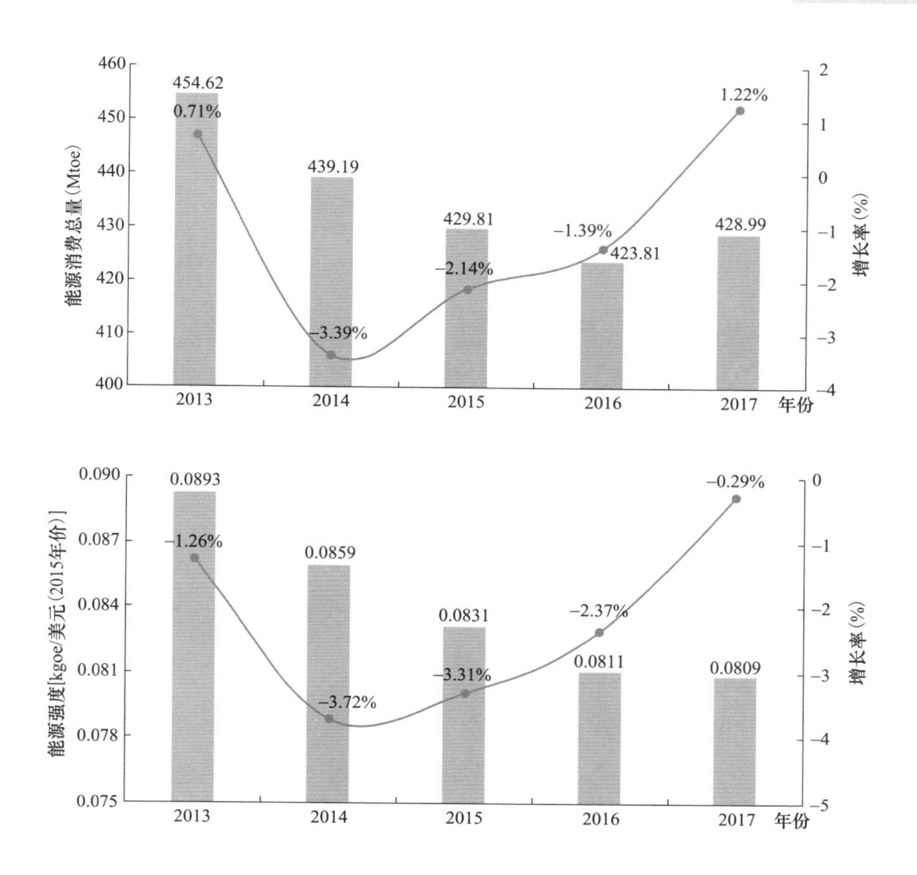

图 1-19 2013—2017 年日本能源消费总量、强度情况

数据来源：WorldBank，Enerdata Energy Statistical Yearbook 2018。

（1）推动能源转型。2018 年 7 月，日本政府正式批准了《第五次能源基本计划》，明确了中远期能源战略转型的目标与方法。主要包括能源政策指导思想、电力结构优化目标、清洁能源发展路径及能源相关技术开发等。

延伸阅读——《第五次能源基本计划》政策要点

“能源基本计划”是日本中长期能源政策的指导方针，自 2003 年第一次制定以来，历经多次修订，2018 版能源基本计划在维持 2014 年第四次修订版核心框架基础上提出了一些新的理念，体现了政策的连续性。

1）指导思想。延续了日本能源政策长期坚持的“3E＋S”指导原则，即以安全性（safety）为前提，把提高能源自给率、确保能源稳定供给（energy security）放在首位，同时实现降低能源供给成本、提高经济效率（economic efficiency）和温室气体减排的环境目标（environment）。

2）2030 电力结构优化目标。与 2016 财年相比，化石能源发电从 84％降低至 56％；可再生能源从 15％提升至 22％～24％；核电从 2％恢复至 20％～22％，但略低于福岛核事故之前的 26％。

3）2050 年能源愿景。基于 2050 年日本国内温室气体排放量较 2013 年减少 80％的目标，提出通过能源技术创新，电、热、气多能源系统协调优化等方式，至 2050 年实现从“低碳化”迈向“脱碳化”的能源转型愿景。

4）清洁能源发展。首次将可再生能源定位为 2050 年的主力能源；对于核电，一方面强调核电是重要的基荷电源，另一方面要尽量降低对核电的依存度；将氢能作为重要的新型能源，通过发展氢燃料电池、氢能发电等技术，逐步构建“氢能社会”。

（2）促进可再生能源发展。2017 年 4 月，新的关于可再生能源的固定价格收购制度（feed－in tariff，FiT）正式实施。在旧的 FiT 制度基础上，通过增加新的审批制度，收购价格决定制度，以及更改电能收购义务承担者等方式，力求更好地促进可再生能源发展，降低发电成本。

延伸阅读——新 FiT 政策要点

旧的 FiT 政策自 2012 年实施以来，日本可再生能源装机量激增 2.7 倍。在极大促进了可再生能源产业发展的同时，也带来了多方面的问题：增加了电力消费者的购电成本；不利于可再生能源多元化发展；存在大量核准但未并网运行的项目，阻碍可再生能源进一步发展。

针对以上存在的问题，新的FiT政策主要从以下几个方面进行了修改：

1）新的项目审批制度。新FiT制度下，日本经产省需对商业计划进行审批（而不再是对设备审批），在审批过程中要确认申请者能够落实提出的可再生能源发电计划。同时，对已经通过审批但还未正常运行的项目增加了审核和退出机制。

2）新的收购价格制定方式。为了提高不同类型可再生能源项目的经济效益，新FiT制度将依据项目特点，采取不同的收购价格制定方式，包括针对一定规模光伏项目的竞标制度、针对住宅光伏发电和风电的“降价时间表”以及针对风电、地热发电等开发前置期较长项目提前数年制定收购价格。

3）改变FiT电力收购义务承担者。由于日本已于2016年全面放开电力零售市场，FiT电力收购者由之前的电力零售商转换为输配电企业。

（3）推动氢能发展。2017年12月，日本政府发布的《氢能基本战略》，是全球第一个国家层面的氢能发展战略。日本政府将氢能与可再生能源列为同等重要的地位，确定了至2030年氢能发展的具体行动计划以及至远期2050年建成“氢能社会”的远大目标。

延伸阅读——《氢能基本战略》政策要点

供给侧主要目的是要实现低成本的氢能制备、运输、储存，实现氢能大规模供给。具体包括以下几方面：

1）开发氢能大规模存储技术，建成商业化运营的氢能国际运输通道。

2）利用海外廉价褐煤，采用化石能源制氢法，结合碳捕集与封存技术（CCS）实现零碳排放制氢。

3）开发电转气技术（P2G），利用国内外可再生能源电解水制氢。以氢为媒介，打破电力系统与天然气系统之间的壁垒，促进“电网—气网”

深度融合，减少弃光、弃风现象。

4）氢能市场规模将从目前的200t/年，提高至2030年30万t/年，2050年500万～1000万t/年。

需求侧主要从扩大氢能消费途径，大幅降低氢能成本入手。具体包括以下几方面：

1）在交通领域持续推进氢燃料电池汽车（FCV）发展，预计2020年达到4万辆，2030年达到80万辆。

2）在发电领域大力发展氢燃料发电技术，2030年实现氢燃料发电商业化，发电成本控制在17日元/（kW•h）以内；2050年进一步降至12日元/（kW•h）以内，与天然气发电成本在同一水平，具有较高市场竞争力。

3）在居民生活及工业生产领域积极推广燃料电池系统、氢能热电联产，扩大氢能消费。

1.3.3 电力供需形势

（一）电力供应

2017年，日本发电装机容量保持增长，火电、风电、光伏发电装机容量增加，核电装机容量下降。截至2017年底，日本发电装机总量达到3.46亿kW，同比增长3.1%。核电装机容量持续下降，同比减少2.52%。火电装机仍为日本第一大装机类型，装机容量略有增加，占比由2016年的59.1%增至2017年的57.8 %。风电、光伏发电、地热等可再生能源发电装机容量增长迅速，较2016年增长了4.61%。2017年，新增装机1036万kW，其中火电、可再生能源发电分别增加160万、944万kW，核电减少97万kW。2013—2017年日本不同装机类型装机规模如图1-20所示[1]。

[1] 可再生能源发电包括风力发电、光伏发电和地热发电，2017年为预测值。

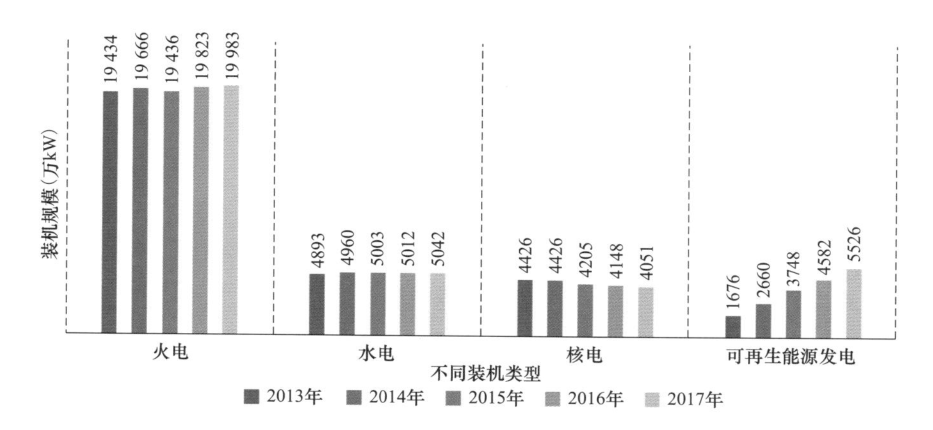

图 1-20　2013—2017 年日本不同装机类型装机容量

数据来源：IEA，Electricity Information 2018。

日本发电量结束三年下跌，较上年有较大提升。如图 1-21 所示，2017 年，日本发电量增至 11 013 亿 kW·h，年增长率为 7.42%。2014—2016 年，日本发电量持续下降，年增长率分别为-0.66%、-1.70%、-1.54%，2016 年降至 10 253 亿 kW·h。尽管 2017 年的日本电网发电量有所提升，但 2000—2017 年日本发电量年平均增长率仅为 0.01%。

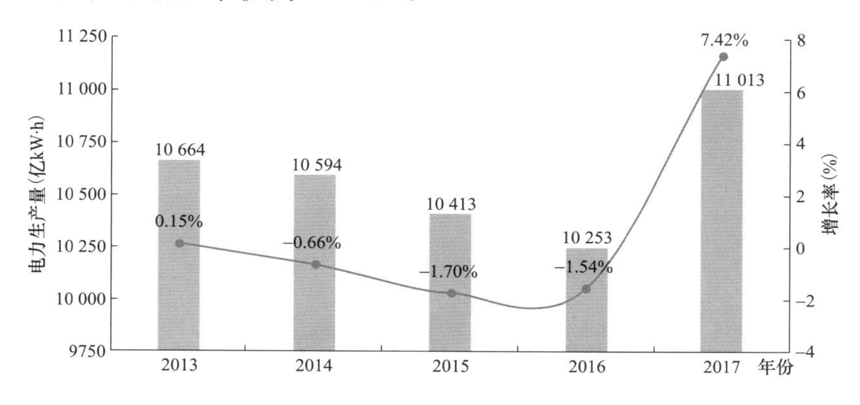

图 1-21　2013—2017 年日本发电量

数据来源：Enerdata，Global Energy Statistical Yearbook 2008。

（二）电力消费

日本用电量较往年有较大提升，与发电量的变化趋势基本相同。如图 1-22 所示，2017 年，日本电网电力消费总量增至 10 187 亿 kW·h，同比增长

7.23%。2014—2016 年，日本用电量持续下降，其年增长率分别为－0.72%、－1.28%、－1.43%。

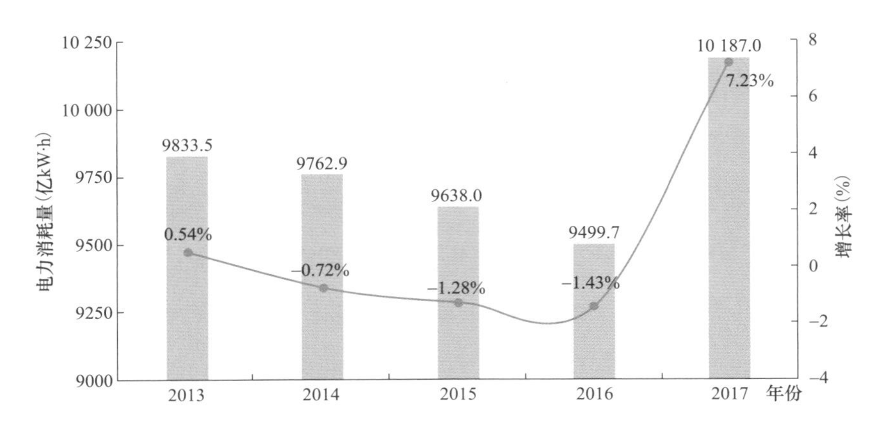

图 1-22　2013—2017 年日本用电量

数据来源：Enerdata，Global Energy Statistical Yearbook 2018。

日本电网最大三日平均用电负荷有所波动，总体呈上升趋势。如图 1-23 所示，2017 年，日本电网最大三日平均用电负荷为 15 702 万 kW，同比增长 0.81%，近几年维持为 1.5 亿 kW 左右。预测 2018 年的日本电网最大三日平均用电负荷为 15 787 万 kW，同比增长 0.54%；预测未来 5～10 年，日本电网最大三日平均用电负荷基本维持在当前水平。

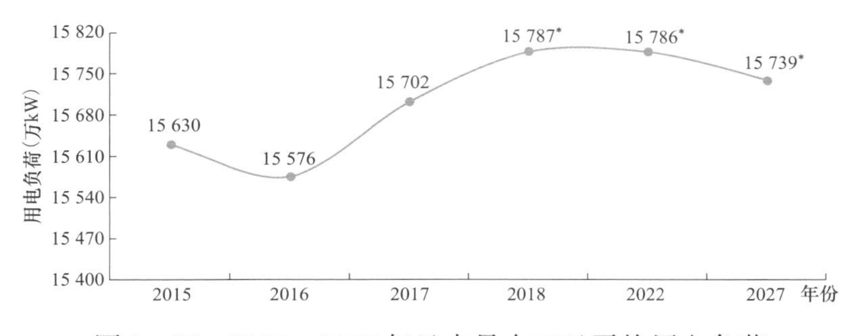

图 1-23　2015—2027 年日本最大三日平均用电负荷

注：* 表示预测值。

数据来源：OCCTO（输电运营商跨区域协调组织）。

1.3.4 电网发展水平

（一）电网规模

日本电网基础设施趋于成熟，电网规模小幅增长。2017财年，日本电网各电压等级线路总长度为178 663km，同比增加0.08%，扭转了2016财年的下降趋势。500kV及以上线路长度增长最多，新增83km，同比增加0.54%，220kV线路长度有所减少，同比下降1.07%，且已经连续两年负增长。由于国土面积狭小，日本电网高压线路规模较小，2017财年500kV及以上线路长度为15 497km，仅占总线路长度的8.67%，66～77kV线路占比最大，为45.67%。2013—2017财年日本各电压等级线路长度统计见表1-6。

表1-6　2013—2017财年日本各电压等级线路长度统计　km

电压等级	2013财年	2014财年	2015财年	2016财年	2017财年
55kV以下	24 305	24 395	24 622	24 697	24 747
66～77kV	81 261	81 409	81 545	81 541	81 594
110～154kV	30 316	30 240	30 323	30 172	30 195
187kV	5250	5265	5265	5264	5264
220kV	5141	5155	5238	5218	5162
275kV	16 324	16 279	16 297	16 213	16 206
500kV以上	15 193	15 414	15 414	15 414	15 497
合计	177 786	178 156	178 698	178 514	178 663

数据来源：日本电气事业联合会。

（二）电网建设

日本电网趋于成熟，部分输电通道输电容量不足。由于一次能源高度依赖进口，日本大型火电站及核电站多建设在交通便利的沿岸港口，而日本用电负荷中心也集中在东京湾、中部和关西沿海地区，日本电网整体呈现从沿岸向内地渗透的蛛网结构。日本电网整体趋于成熟，建设规模连续多年没有显著增长。但受到北部地区新能源发电的快速增长以及2011年日本地震的影响，部分输电线路及变电站存在输电容量不足的现象。输电容量不足现象主要存在于北海道一本州输电线、东京地区环线及东一西部电网联络线。

加强重点地区跨区联络线建设，助力电能跨区输送。为缓解部分地区输电容量受限，促进全国范围内电能输送，日本各个电力公司将重点地区的跨区联络线作为建设重点。截至2018年3月，各电力公司公布的在建和规划输电线路及变电站汇总见表1-7。新建跨区联络线长度占总新建架空输电线路长度的64.8%。北斗一今别±275kV输电线路计划于2019年建成，将北海道与本州输电容量由60万kW提升至90万kW；通过新建飞驒一信浓±275kV输电线路、新佐久间变频站及升级东清水变频站，计划2027年将东一西部电网间的交换容量由目前的120万kW提升至300万kW。

表1-7　　日本在建和规划的主要输电线路及变电站

线路	数值
新建输电线路	601km
其中，架空输电线路	572km
地下输电线路	30km
其中，新建主要跨区联络线：	365km
北海道一本州±275kV联络线（2019年建成）	30万kW　122km
东京一中部±200kV联络线（2020年建成）	90万kW　90km
东北一东京广域联系500kV干线（2027年建成）	143km
新增变压器容量	18 020MV·A
其中，变频站	210万kW
东京一中部背靠背换流站（2027年建成）	90万kW

数据来源：OCCTO（输电运营商跨区域协调组织）。

（三）运行交易

日本电网运行管理水平位居世界前列，综合线损率及平均停电时间均处于世界领先水平。日本电网输变电损失率维持在4.6%左右，综合线损率维持在8%左右，两项指标均处于世界领先水平，说明日本电网管理、运行水平较高。通过合理规划输电线路，提高设备可靠性和引入自动化的故障恢复技术，日本电网的平均停电时间和停电次数维持在较低的水平。2016年全国每户年平均停电时间和停电次数分别为25min和0.18次，电网技术和运行水平更高的区域电力公司供电可靠性更强，以东京电力公司为例，每户年平均停电时间和停电次数仅为6min和0.06次（2015年数据）。

各区域电网间电量交易频繁。关西、中国、四国外购电量比例较高，中国外购电比例接近20%；而东京外购电量最多，约270亿kW•h。东京集中从东北外购大量电力；关西外购电力来源更为广泛，与四国、九州、中部和中国均签订外购协议；九州外送电量较多，向关西、中国和四国外送电量150亿kW•h。2018财年日本各区域预计外购电量比例和外购电量如图1-24所示。

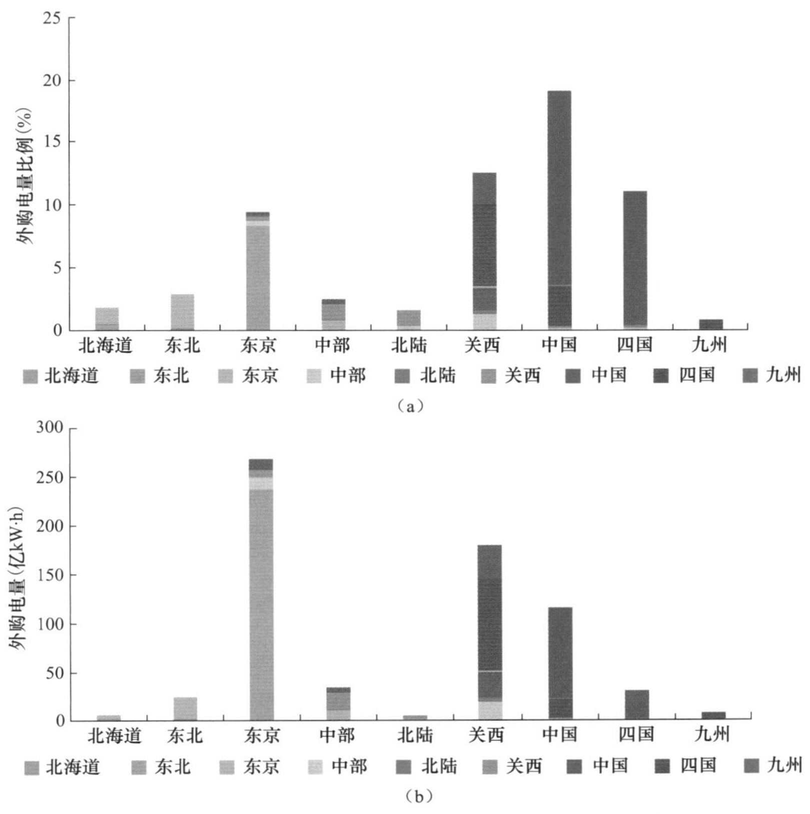

图1-24 2018财年各区域预计外购电量比例和外购电量

(a) 外购电量比例；(b) 外购电量

（四）储能项目

日本政府、电网公司和相关企业大力推进储能发展，以确保更多可再生能源上网。福岛事故后，日本政府调整能源战略，大力发展可再生能源发电，尤其是光伏发电。为了帮助大规模可再生能源并网，提高电网稳定性，日本各界均将储能列为大力发展方向。早在2014年，日本经产省就推出了针对安装容量不小于1kW·h的锂电池用户补贴政策，补贴额最高可达66%。日本软银旗下可再生能源子公司SB Energy与三菱日联租赁株式会社联合在日本北海道建造102.3MW太阳能光伏发电项目，并配套建设27MW·h储能系统，预计可在2020年开始运行，将可满足27 967户居民的用电需求。2018年2月，日本中部电力公司宣布与丰田汽车达成合作，回收丰田电动汽车旧电池，建立一个大容量蓄电池系统，用来调整中部电力公司配电系统的能量供需平衡、管理频率波动和电压波动。3月，东京电力公司推出TRENDE计划，包括通过向其客户提供太阳能光伏电池储能装置创建分布式能源平台。目前，日本储能容量超过250MW·h，位列全球第五位。

1.4 巴西电网

1.4.1 经济社会概况

度过两年严重衰退，巴西国内生产总值重现增长。2017年，巴西GDP为2.3万亿美元，增速为1%。巴西农牧业发展较快，增速为13%，工业结束连续三年下滑保持平稳。得益于家庭消费扩大刺激，巴西家庭消费增长1%。人均GDP为10 931.7美元，与上年基本持平，比2013年峰值下降了8.7%。2013—2017年巴西GDP及其增长率见图1-25。

巴西能源消费总量小幅增长，人均能源消费和能源强度小幅下降。2017年，受到经济复苏的影响，巴西能源消费总量在连续两年下降之后再次增长，为290.72Mtoe，同比上升0.6%；人均能源消费降至1.4Mtoe，同比降低0.19%，是自2014年以来的最低值。农业的快速发展推动巴西经济走向复苏，经济增速超过能源消费增速，能源强度较上年略有下降，为 0.093kgoe/美元（2015 年价）。2013—2017 年巴西能源消费总量和能源强度如图 1-26 所示。

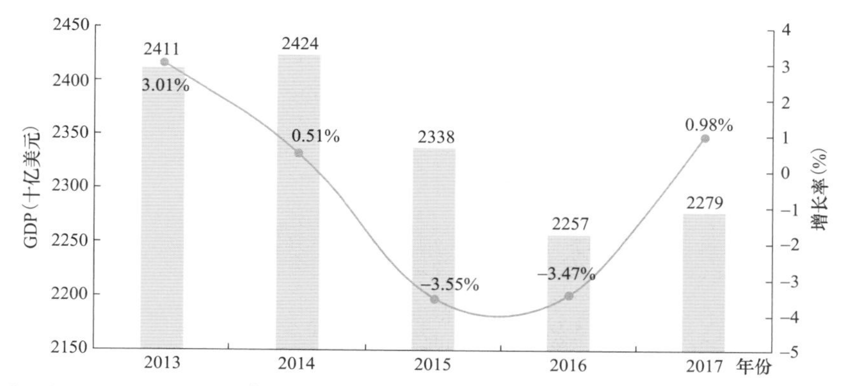

图 1-25　2013—2017 年巴西 GDP 及其增长率（以 2010 年不变价美元计）

数据来源：WorldBank。

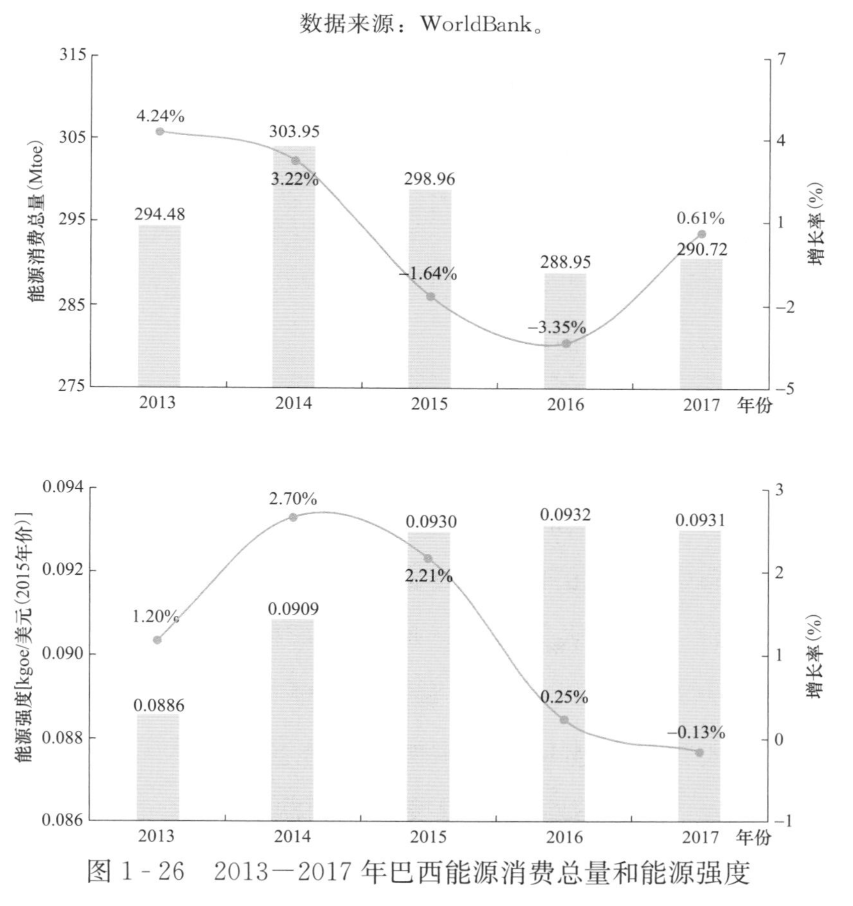

图 1-26　2013—2017 年巴西能源消费总量和能源强度

数据来源：WorldBank，Enerdata Energy Statistical Yearbook 2018。

1.4.2 能源电力政策

（1）规划能源发展路线。2017 年，巴西矿产能源部发布了《能源十年发展计划 2026》，从政府角度出发提出了对巴西能源工业发展的展望，也为能源领域的投资决策提供了依据。

延伸阅读——政策要点

1）为针对巴西国内经济发展前景的不确定性，引入了能源供需对于不同影响因素的灵敏度分析。

2）未来 10 年水电装机容量占比将从 2017 年的 64％降至 2026 年的 52％；包括风能、太阳能、生物质能和小水电在内的可再生能源装机容量占比将从 2017 年的 21％上升至 2026 年的 30％。

3）未来十年预计 GDP 年均增长 2.5％，用电量年均增长 3.7％。

（2）发展生物质产业。巴西通过法律法规提高国内生物燃油的使用量，进而提升国内生物燃料的生产规模。

延伸阅读——政策要点

1）2017 年 12 月，巴西国会通过了促进可再生燃料使用的 RenovaBio 计划，确定了运输燃料的国家年度减排目标。该计划要求燃料分销商逐年增加他们每年销售的生物燃料数量，帮助国内乙醇行业从与天然气的价格竞争中复苏。

2）根据巴西国家能源智库 EPE 预测，巴西国内乙醇产能将从目前的 270 亿 L 提高到 2030 年的 540 亿 L。考虑不太乐观的情景，产能将在 430 亿 L 和 490 亿 L 之间。

1.4.3 电力供需形势

（一）电力供应

巴西电力总装机容量快速增长，新能源增长势头强劲，新增装机中火电占比最大。2017 年底，巴西电力总装机为 1.59 亿 kW，同比增长 7.7%。虽然水电仍是巴西的主要电源形式，占比高达 66.2%，但新增装机中，水电仅占三成。北部地区电源装机规模快速增长，增速高达 39.8%，新增装机中近六成为火电机组。可再生能源发展强劲，风能装机规模同比增长 22.9%，主要在东北地区，太阳能发电实现跨越式发展，装机规模近 100 万 kW，主要在东北与东南地区。2013—2017 年巴西不同装机类型规模见图 1-27。

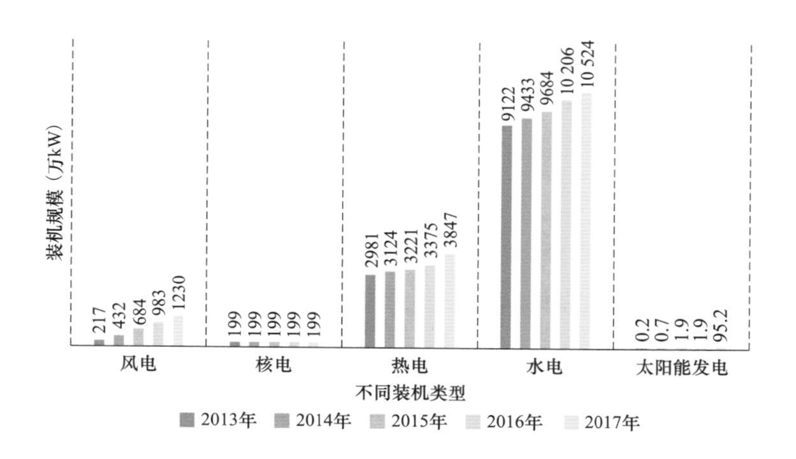

图 1-27　2013—2017 年巴西不同装机类型规模

巴西发电量小幅度上升，其中风电增长显著，而水电略有下降。2017 年，巴西发电量为 5737.58 亿 kW·h，同比增长 1.1%，其中东南地区发电量占比最大，占总发电量的 59.4%。受干旱影响，水电发电量同比下降 3.7%，但仍是巴西电力的主要来源，在南部地区、北部地区和东南地区水电发电占比超过七成。风电增长迅速，同比增长 24%，东北地区以风电为主，占比接近 50%。2013—2017 年巴西不同装机类型发电量见图 1-28。

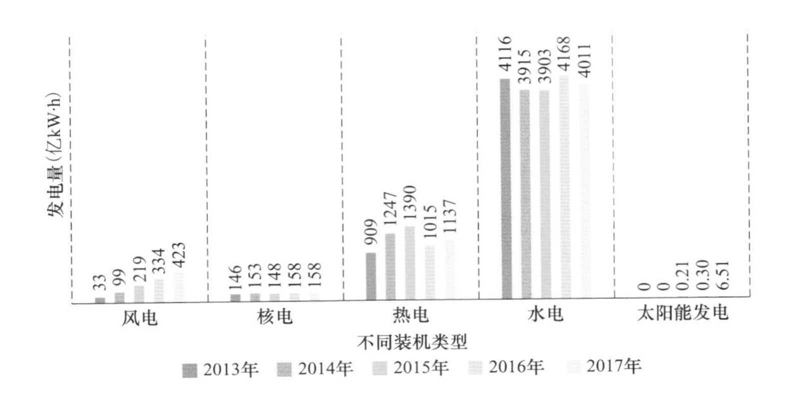

图 1-28　2013—2017 年巴西不同装机类型发电量

（二）电力消费

随着经济复苏，巴西用电量增长提速。2017 年，巴西全社会用电量为 5745.3 亿 kW·h，同比增长 1.2%，较上年提高 0.9 个百分点。主要用电量集中于东南地区，占比近六成；南部地区增速最快，同比增长 2.5%。2013—2017 年巴西各地区用电量见图 1-29。

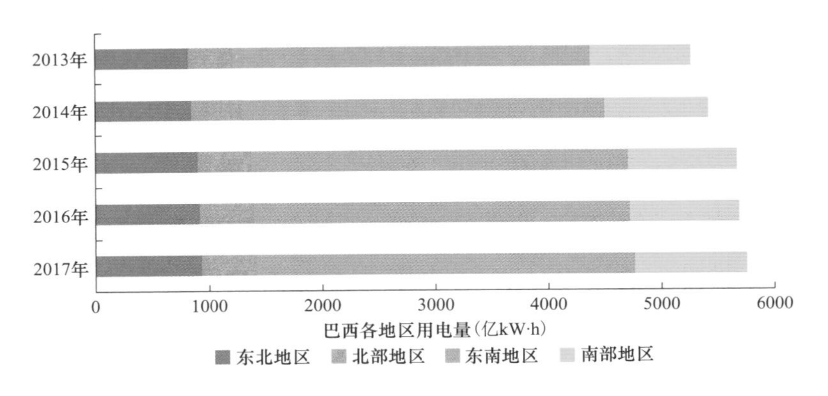

图 1-29　2013—2017 年巴西各地区用电量

巴西电网最大负荷大幅提升，主要负荷集中在东南地区。2017 年，巴西电网最大负荷发生在 2 月 20 日，峰值达 8569.9 万 kW，同比上升 3.3%。最大负荷月份一般集中在 12 月至次年 2 月，时间点主要集中在 14：00～16：00。2013—2017 年巴西各地区的最大用电负荷见图 1-30。

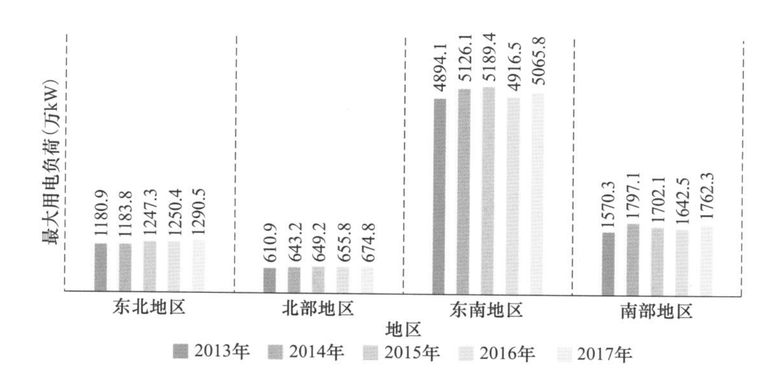

图 1 - 30　2013—2017 年巴西各地区的最大用电负荷

1.4.4　电网发展水平

巴西幅员辽阔，国土面积居世界第五，从北部到东南部的输电跨度在 2000km 以上。目前已形成南部、东南部、北部和东北部四个大区互联电网，在亚马孙地区还有一些小规模的独立系统。巴西输电线路主要集中在东南部、南部和东北部主要城市，用电负荷最大的区域是东南部，与北部过剩的装机容量空间距离较远。巴西电网分布如图 1 - 31 所示。

（一）电网规模

巴西电网规模小幅增长，除±800kV 和 230kV 线路外，其他电压等级线路规模保持稳定。2017 年，巴西 132kV 电压等级及以上电网总规模达到 128 363.8km，同比增长 4%。巴西的输电网电压等级复杂，包括 230、345、440、500、525kV 和 750kV 交流电压等级，以及±600kV 和±800kV 直流电压等级。巴西美丽山±800kV 线路是继 2013 年伊泰普水电站到东南部±600kV 线路后巴西投运的第二条直流线路，负责将贝罗蒙特电站电力输送到东北和东南部，北电南送、西电东送的格局进一步明显。2017 年，除 230kV 线路增长 1.4%、±800kV 线路新增 4168km 外，其他原有电压等级线路规模保持不变，230kV 和 500kV 线路占比较大，分别占 40%和 30.1%。2011—2017 年巴西各电压等级线路长度统计见表 1 - 8。

图 1-31 巴西电网示意图

表 1-8 2011—2017 年巴西各电压等级线路长度统计 km

电压等级	2011 年	2012 年	2013 年	2014 年	2015 年	2016 年	2017 年
±800kV	—	—	—	—	—	—	4168
750kV	1722	1722	1722	1722	1722	1722	1722
±600kV	—	—	4772	4772	9544	9544	9544
525kV	5382	5382	5382	6089	6420	6420	6450
500kV	28 488	29 171	32 473	33 194	34 646	38 620	38 620
440kV	6836	6884	6884	6884	6889	6903	6903

续表

电压等级	2011 年	2012 年	2013 年	2014 年	2015 年	2016 年	2017 年
345kV	9236	9398	9447	9497	9497	9514	9514
230kV	42 433	44 588	46 136	48 099	49 559	50 600	51 285
总计	94 098	97 146	106 815	110 258	118 278	123 324	128 206

数据来源：http：//www.ons.org.br/。

巴西变电容量增速明显，东北地区增长最快。截至2017年底，巴西230kV及以上变电容量达29.8万MV•A，同比增长5%。东南地区变电容量占比最大，占总变电容量的52.8%；东北地区风电和太阳能发电等新能源电源大量新增接入，带动东北地区变电容量快速增长，同比增长达11.2%。2011—2017年巴西各地区230kV及以上变电容量统计见表1-9。

表1-9　2011—2017年巴西各地区230kV及以上变电容量统计　MV•A

地区	2011 年	2012 年	2013 年	2014 年	2015 年	2016 年	2017 年
北部地区	13 296	14 419	18 132	20 468	22 136	23 029	23 227
东北地区	32 549	38 049	42 249	45 604	50 854	53 011	58 939
南部地区	44 872	46 431	49 167	51 929	54 661	56 435	58 147
东南地区	122 090	131 275	142 684	142 684	147 555	150 835	157 198
总计	212 807	230 174	252 232	260 685	275 206	283 310	297 511

数据来源：http：//www.ons.org.br/。

（二）区域互联

巴西继续寻求南美区域电网互联，与多国存在或规划建设互联通道。巴西已实施或正在考虑与阿根廷、玻利维亚、圭亚那、秘鲁、苏里南和乌拉圭之间的互联线路。目前，巴西与阿根廷通过132kV和500kV输电线路经换流站实现互联，传输容量共105万kW；与巴拉圭通过四条500kV输电线路经伊泰普水电站互联；与乌拉圭通过230kV和500kV两条输电线路实现互联，传输容量共57万kW；与委内瑞拉通过230kV输电线路实现互联，容量为20万kW。积极参与Arco Norte项目研究，通过建设一条途经巴西、苏里南、圭亚那和法属圭亚那的1800km输电线路，保障该区域新增电源项目的外送电需求。

（三）运行交易

巴西电网区域间传输电量规模波动明显，北部电网外送电量占总规模的一半以上。2017 年，巴西区域间传输电量规模达到 303.7 亿 kW·h。其中，北部以外送为主，向东北和东南地区送电规模为 173.4 亿 kW·h；除北部地区外，东北地区还从东南地区受入电量。随着东北地区新能源装机的大幅增长，东北地区从东南地区受入电量将逐渐下降。

巴西电网与邻国保持少量交易。2017 年，外送阿根廷 0.9 亿 kW·h，为 2011 年的 5%，从乌拉圭受入 9.7 亿 kW·h，具体见表 1-10。

表 1-10　　2011—2017 年巴西电网电量交换情况　　亿 kW·h

电量交换	2011 年	2012 年	2013 年	2014 年	2015 年	2016 年	2017 年
北部一东北	71.36	44.86	90.04	89.98	73.07	59.68	105.40
北部一东南	4.47	38.58	67.42	122.18	86.25	-4.17	67.99
东南一南部	-85.78	228.84	-19.76	-101.88	-156.43	-108.15	93.86
东北一东南	-69.08	-73.47	-119.58	-31.41	-58.62	-113.50	-36.43
外送阿根廷	22.99	0.75	0	0.02	1.71	1.80	0.85
外送巴拉圭	0	0	0	0	0	0	0
外送乌拉圭	2.06	3.91	0	0	-0.06	0	-9.74

巴西输配电线损率高，改造升级空间大。巴西线损率自 2011 年以来一直维持在 16%以上，2017 年为 19.2%，较上年下降 0.1 个百分点，其中北部地区是线损最高的地区，2017 年达到 27.7%。巴西的北部电源中心和东南部负荷中心输电跨度较大，超过 2000km，远距离输电线路以 500kV 和 220kV 为主，输电线路损耗率较高。2013—2017 年巴西电网各区域线损率（含输配）见表 1-11。

表 1-11　　2013—2017 年巴西电网各区域线损率（含输配）　　%

地区	2013 年	2014 年	2015 年	2016 年	2017 年
北部地区	21.5	27.2	27.9	27.8	27.7
东北地区	18.8	17.8	19.7	20.6	21.6

续表

地区	2013 年	2014 年	2015 年	2016 年	2017 年
南部地区	13.9	14.4	14.3	14.5	14.0
东南地区	16.6	17.6	17.8	18.8	18.8
总计	16.9	17.5	18.5	19.3	19.2

（四）智能化

巴西电网通过部署广域测量系统，提高电网可靠性。巴西电网和通用电气于 2017 年 2 月签署合同部署广域测量系统，控制系统安装在里约热内卢和巴西利亚的调度总部，并在各区域部署 1000 多个相量测量单元。系统功能包括机电振荡监测、孤岛检测、故障定位和训练模拟器等，为巴西电网提供实时决策和事件分析支撑。测量单元部署和定制化系统开发将于 2018 年底完成，该系统的部署将提高巴西电网运行的可靠性和安全性。

开展需求响应试点工作，以提高电网运行的可靠性，减少用电成本。2017 年 11 月，巴西电力监管局 ANEEL 通过第 792 号规范性决议，确定了北部和东北子系统需求响应试点项目的实施办法和运行标准。需求响应资源可以为电力系统运行提供备用容量，以满足峰值和频率控制，参与者将通过辅助服务交付协议（CPSA）获得此项服务的报酬。

（五）储能和分布式电源

巴西电力监管局积极改善储能研发环境，开展储能系统项目试点。2016 年，ANEEL 制定了一份为期三年的战略框架，要求公用事业公司将其年收入的 0.4%用于储能技术的研发，用以加速电池储能技术的研究和开发工作。2017 年，ANEEL 公开征集储能战略研发项目，并批准了 23 个项目。

分布式光伏发电爆发式增长。与大型发电站相比，小容量的分布式电源距离负荷更近，可以减少电网损耗，优化电网运行方式。截至 2017 年底，巴西累计接入分布式电源规模达到 25.8 万 kW，同比增长 202%，其中光伏发电占比达到 71%，具体见表 1 - 12。分布式电源主要应用于商业领域和居民侧，总占比超过七成。2017 年，商业用户和居民侧的分布式电源规模继续爆发式增长，增速分别达到 263%和 194.2%。

表 1-12　　2012—2017 年巴西分布式电源装机规模　　kW

类型	热电	风电	水电	光伏发电	总计
2012 年	0	0	0	456	456
2013 年	0	20	0	1855	1875
2014 年	110	69	825	4272	5276
2015 年	2244	131	834	13 808	17 017
2016 年	12 484	5168	5456	62 200	85 308
2017 年	23 930	10 286	40 535	183 169	257 920

1.5　印度电网

1.5.1　经济社会概况

印度经济增速继续回落，近四年内首次低于 7%。受废钞令和商品与服务税改革影响，印度经济波动明显，2017 财年 GDP 为 2.6 万亿美元，同比增长 6.6%，增速较 2015 财年回落 1.6 个百分点；人口 13.3 亿，同比增长 1.1%；人均 GDP 为 1974.6 美元，同比增长 5.4%，仅为 OECD 国家的 1/5。2013—2017 财年印度 GDP 及其增长率如图 1-32 所示。

印度能源强度保持下降趋势，经济发展带动能源消费快速增长。近年来，印度大力发展可再生能源，能源结构不断改善，印度能源强度进一步下降，2017 财年降至 0.102kgoe/美元（2015 年价）。但受人口增长和城市化推进的影响，印度能源需求仍保持较快增长，2017 财年能源消费总量为 933.9Mtoe，同比增长 4.4%。人均能源消费水平较低，2017 财年为 0.7toe。2013—2017 财年印度能源消费总量和强度情况如图 1-33 所示。

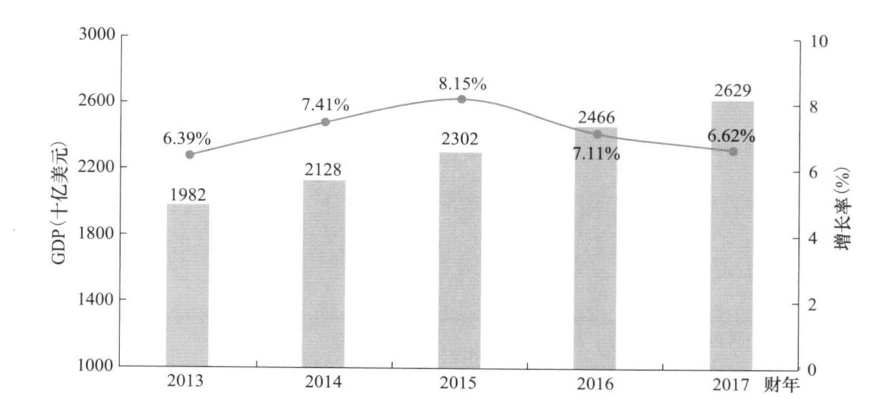

图 1-32 2013—2017 财年印度 GDP 及其增长率（以 2010 年不变价美元计）

数据来源：WorldBank。

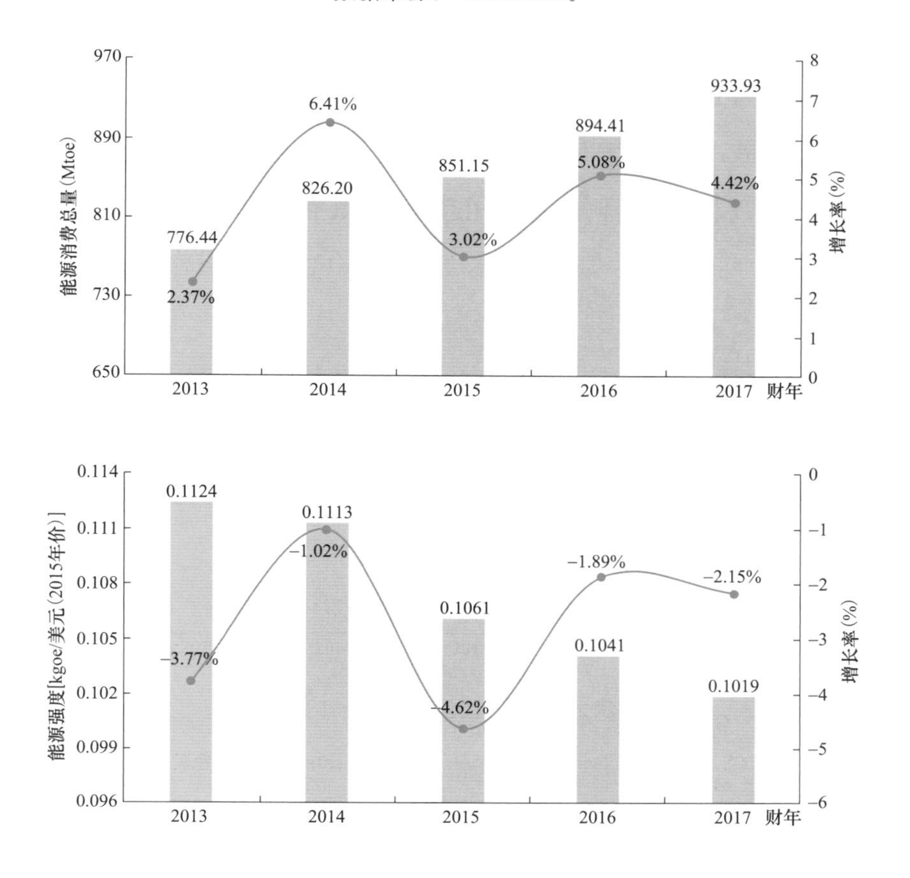

图 1-33 2013—2017 财年印度能源消费总量和强度情况

数据来源：WorldBank，Enerdata Energy Statistical Yearbook 2018。

1.5.2 能源电力政策

（1）推进能源转型。2017 年 6 月，印度政府发布《国家能源政策》草案，目的是为监督国家能源政策和协调不同部门的工作。草案以 2040 年为愿景年限，规划了未来的能源政策方向，主要包括：降低化石能源在能源结构中的比例；提高天然气供给；降低原油及天然气价格；加大可再生能源的技术研发力度，提高可再生能源利用效率。

延伸阅读——《国家能源政策》草案政策要点

该草案由印度国家改革委员会（National Institute for Transforming India）制定，为印度规划未来能源政策方向，同时确定 2022 年能源相关目标。

1）四大目标：提供所有人都可以承受的能源价格；降低化石能源进口依赖，保障国家能源安全；提高能源利用效率，且积极发展可再生能源实现低碳发展；确保经济的持续增长。

2）2022 年目标：根据《国家能源政策》计划，在 2018 年底之前，印度的所有村庄都将通电，到 2022 年在电力全天稳定供给的前提下实现电气化。到 2022 年制造业在印度国民生产总值中的份额将从当前的 16%提高到 25%，同时对外石油依存度下降 10 个百分点；到 2022 年可再生能源装机将达到 175GW。

3）2040 年愿景：根据《国家能源政策》预计，到 2040 年，印度全国的发电量将是 2012 年发电量的 5 倍，达到 4800TW·h；与此同时，印度全国对电力的需求将从 2012 年的 8040 亿 kW·h 增加到 2040 年的 36 000 亿 kW·h，增加 4.5 倍。发电机组方面，燃煤发电机组、水力发电机组、光伏发电机组、风力发电机组的装机容量将分别达到 330～441、71～92、265～323、187～210GW。

（2）解决无电人口。2017 年 9 月，印度政府发起“Saubhagya”计划，旨在为所有农村地区家庭和城市贫困家庭提供免费电力连接，并在2019年3月之前实现普遍电气化。

延伸阅读——Saubhagya计划介绍

该计划的主要内容是：

1）将农村地区所有无电家庭接入电网，解决“最后一公里”问题。

2）为偏远或电网无法进入的村庄/居住区的无电家庭提供基于小型太阳能电源的独立系统。

3）将城市地区经济贫困的无电家庭接入电网，解决“最后一公里”问题。

（3）发展储能产业。2017年11月，印度国家改革委员会（NITI Aayog）和美国智库落基山研究所（RMI）发布联合报告——《印度储能战略》（India's Energy Storage Mission）。该报告旨在为发展印度电动汽车电池制造业提供战略支撑，从而帮助印度实现2030年禁售燃油汽车这一目标，同时增强本国制造业能力和创造就业机会。

延伸阅读——《印度储能战略》要点

根据《印度储能战略》，印度发展本国电动汽车电池制造业将分为三个阶段：

第一阶段，为印度的电池制造业创造良好的增长环境。为此，在本国并不具备制造电动汽车锂离子电池技术的条件下，可以进口其他国家厂商的电池，发展本国的电池组装产业，获取锂离子电池产业的部分利润；相关行业的制造商可以组成财团，保持密切合作，集中投资，规避风险。

第二阶段，上一阶段创建的财团，将在其已经获得的成功和已有规划的基础上进一步扩展电池供应链，更加深入地开展对电池制造技术的研究。财团应确保其成员采用统一标准生产电池、充电设施等要素，并且制订激励措施，协调电池制造产业链各环节，最大限度地在国内创造价值和就业机会。

第三阶段，扩大电池制造产业规模。由财团负责组织和协调内部各成员之间的生产和扩展，实施第二阶段制订的激励措施，对2030年之后的印度电池制造业进行规划，促进其快速发展。

1.5.3 电力供需形势

（一）电力供应

印度电力总装机容量增速骤降，但仍较快，新增装机中可再生能源占比最大。截至2018年3月，印度电力装机容量达到3.4亿kW，同比增长5.2%，增速较上年降低4.2个百分点。新增装机主要来自于可再生能源发电与煤电，可再生能源新增装机1176.2万kW，其中70%分布在南部电网，煤电新增装机500.8万kW。可再生能源装机在印度电源装机中的占比逐步提高，达到20.1%。2013—2017财年[1]印度电源装机结构如图1-34所示。

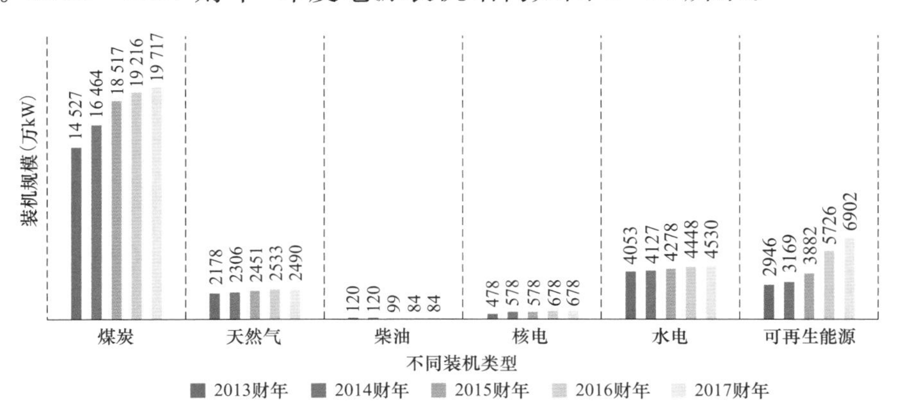

图1-34 2013—2017财年印度不同装机类型装机容量

[1] 印度一个财年为当年4月1日至次年3月31日。

印度发电量持续快速上涨，可再生能源发电量激增。2017 财年，印度发电量 1.3 万亿 kW•h，同比增长 5.4%。其中化石能源发电量同比增长 4.2%，在总发电量中占比 79.6%；可再生能源发电量同比增长 24.9%，占比达到 7.8%。与上一年相比，水电发电量同比上升，核电发电量基本保持不变，占比分别为 2.9%、9.7%。2013—2017 财年印度不同装机类型发电量见图 1-35。

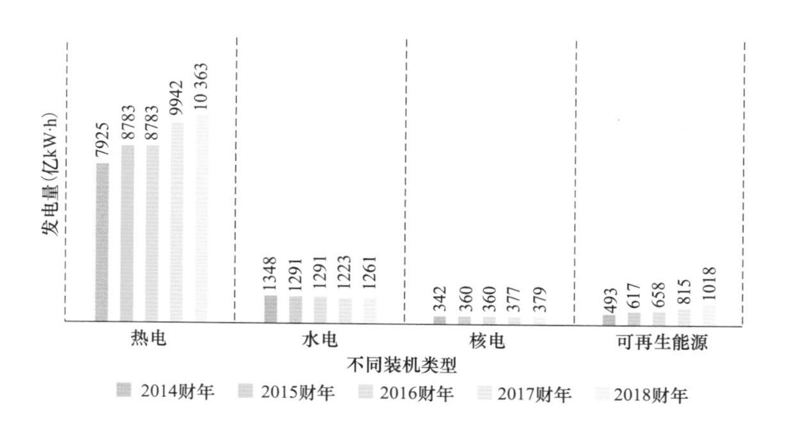

图 1-35　2013—2017 财年印度不同装机类型发电量

（二）电力消费

印度用电量增速保持高位，电气化进程加快。2017 财年，印度全社会用电量达到 12 047 亿 kW•h，同比增加 6.1%，较上年提高 2 个百分点，也高于印度的能源消费增速；南部电网区域用电量增速放缓，其他地区电力消费增速均高于全国增速。2013—2017 财年印度用电量见图 1-36。

印度电网最大用电负荷增速放缓，但供需矛盾依然突出。如图 1-37 所示，2017 财年，印度电网最大用电负荷达 16 406.6 万 kW，同比增长 2.8%，低于五年平均增速 1.1 个百分点。北部地区电网负荷最大，达 6074.9 万 kW，增速最快，同比增长 13.8%。

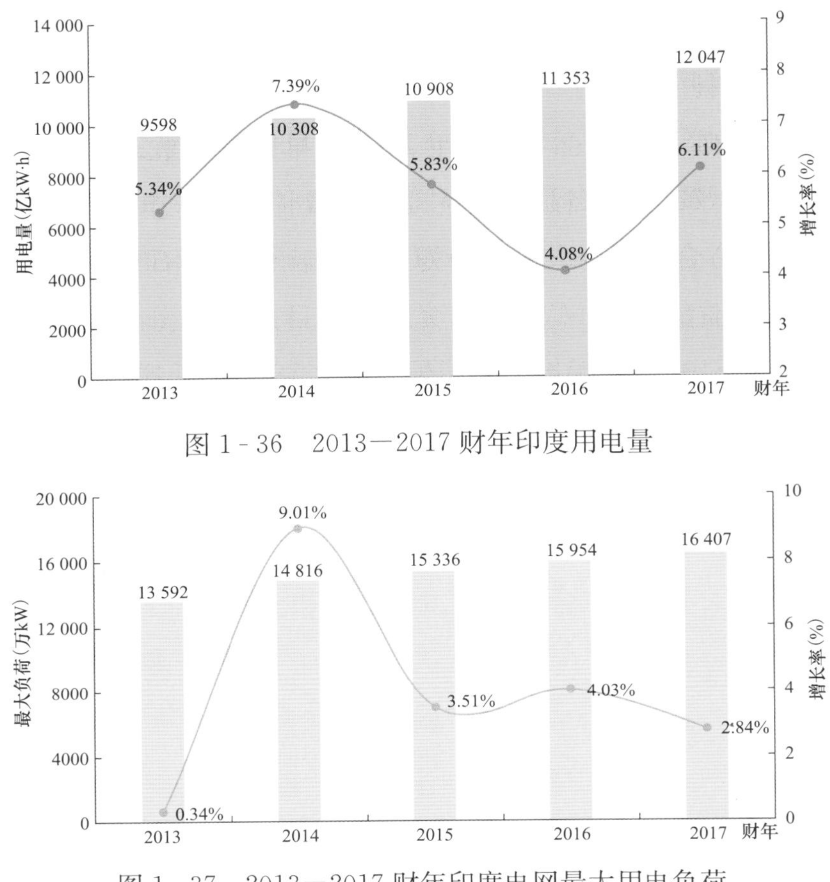

图 1-36　2013—2017 财年印度用电量

图 1-37　2013—2017 财年印度电网最大用电负荷

1.5.4　电网发展水平

印度电网由隶属中央政府的国家电网（由跨区电网和跨邦的北部、西部、南部、东部和东北部 5 个区域电网组成）和 29 个邦级电网组成，覆盖面积约 328 万 km^2。2013 年，随着 Raichur - Solapur 765kV 线路投产，印度电网实现了 5 大区域电网同步运行。截至 2018 年 3 月，印度区域电网间联络线共 47 条，以 765kV 和 400kV 交流为主。印度主要负荷中心集中在南部、西部和北部地区，能源及电力流动具有跨区域、远距离、大规模的特点，输电方向主要为东电西送，辅以北电南送。印度电网常见的电压等级为 765、400、220kV 和 ±800kV 及±500kV。220kV 及以上跨区联网如图 1-38 所示。

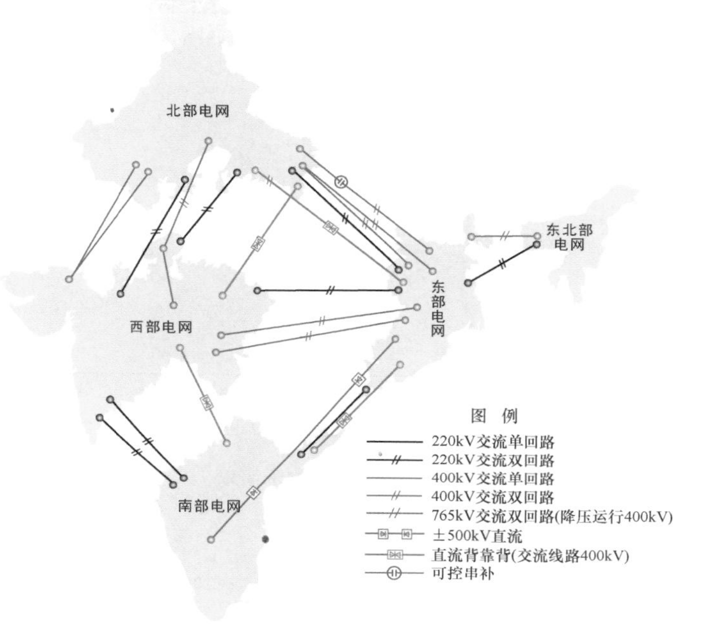

图 1-38 印度 220kV 及以上跨区联网示意图

（一）电网规模

印度输电线路规模保持平稳增长，变电容量增速快于线路增速。截至 2018 年 3 月底，印度 220kV 及以上输电线路规模达到 39.1 万 km，同比增长 6.3%，略低于近五年平均增速。其中 765kV 输电线路规模增长最快，同比增长 12.2%；直流线路规模保持不变。220kV 及以上变电容量为 82.7 万 MV·A，同比增长 11.6%，较线路增速快 5.3 个百分点。其中 400kV 变电容量增长最快，同比增长 17.4%；直流换流容量次之，同比增长 15.4%。2012—2017 财年印度电网 220kV 及以上输电线路回路长度及变电容量见表 1-13 和表 1-14。

表 1-13　2012—2017 财年印度电网 220kV 及以上输电线路回路长度　km

电压等级	2012 财年	2013 财年	2014 财年	2015 财年	2016 财年	2017 财年
765kV	6459	11 096	18 644	24 245	31 240	35 059
400kV	118 180	125 957	135 949	147 130	157 787	171 600

续表

电压等级	2012 财年	2013 财年	2014 财年	2015 财年	2016 财年	2017 财年
220kV	140 517	144 851	149 412	157 238	163 268	168 755
直流	9432	9432	9432	12 938	15 556	15 556
总计	274 588	291 336	313 437	341 551	367 851	390 970

表 1-14　　2012—2017 财年印度电网 220kV 及以上变电容量　　MV·A

电压等级	2012 财年	2013 财年	2014 财年	2015 财年	2016 财年	2017 财年
765kV	49 000	83 000	121 500	141 000	167 500	190 500
400kV	167 822	177 452	192 422	209 467	240 807	282 622
220kV	242 894	256 594	268 678	293 482	312 958	331 336
直流	13 500	13 500	13 500	15 000	19 500	22 500
总计	473 216	530 546	596 100	658 949	740 765	826 958

印度电网实施 Saubhagya 计划，以解决“最后一公里”问题。2018 年 4 月，随着曼尼普尔邦的雷桑村接入印度电网，印度所有居民村庄实现通电，但仍有约 3000 万个家庭和 1.63 亿人口处于无电状态。此前，印度政府实施 DDUGJY 计划，累计投入资金 6243 亿卢比，在农村地区架设 11kV 线路 40 多万 km，完成变电站新建和升级改造 3500 多座[1]，为农村贫困线以下家庭提供免费电力连接；实施综合电力发展计划（IPDS），进行城市配网强化和信息化升级改造，但仍有大量城市贫困家庭没有电力连接。2017 年 9 月，印度政府实施 Saubhagya 计划，预计投入 1632 亿卢比，旨在为农村所有家庭和城市贫困家庭提供免费电力接入。2017 财年印度电气化率见图 1-39。

（二）网架结构

多条跨区域输电通道投产，西部和北部电网，以及东北电网与主网联系更加紧密。2017 财年，印度跨区域输电通道容量达到 86.5GW，同比增长 15.2%，较 2012 财年增长 2.1 倍。2017 年 9 月，Champa - Kurukshetra 的±800kV 特高压

[1] 截至 2018 年 7 月 31 日。

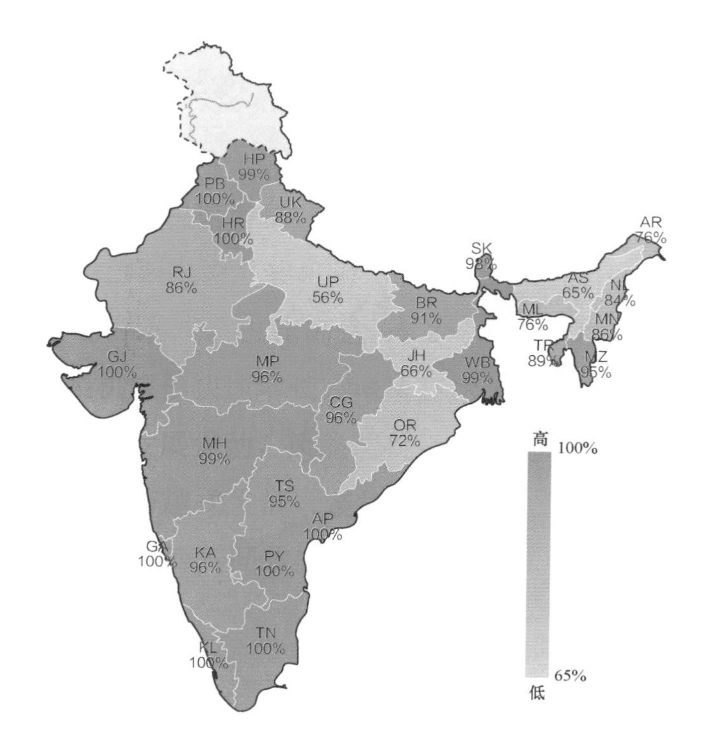

图 1 - 39　2017 财年印度电气化率

直流线路双极投产，线路传输容量提升至 3000MW；第二回 Bishwanath - Agra 的±800kV 特高压直流线路双极投产，北部和东北部传输容量提升至 6GW；2018 年 3 月，Jabalpur - Orai 和 Satna - Gwalior 的 765kV 线路相继投产，西部和北部电网的传输容量大幅提升至 25.3GW，同比增长 64.2%。2012—2017 财年印度电网区域间传输容量见表 1 - 15。

表 1 - 15　2012—2017 财年印度电网区域间传输容量　MW

区域电网	2012 财年	2013 财年	2014 财年	2015 财年	2016 财年	2017 财年
东部—北部	12 130	14 230	14 230	15 830	19 530	19 530
东部—西部	4390	6490	10 690	12 790	12 790	12 790
东部—南部	3630	3630	3630	3630	7830	7830
东部—东北部	1260	1260	2860	2860	2860	2860
西部—北部	6220	8720	8720	12 920	15 420	25 320
西部—南部	1520	3620	5720	7920	12 120	12 120

续表

区域电网	2012 财年	2013 财年	2014 财年	2015 财年	2016 财年	2017 财年
北部一东北部	0	0	0	1500	4500	6000
132kV（跨区）	600	600	600	600	600	600
总计	29 750	38 550	46 450	58 050	75 650	86 450

印度与其他南盟国家加强能源合作，跨国电网互联程度提高。印度位于南亚地区的中心位置，与尼泊尔、不丹、孟加拉国、斯里兰卡和巴基斯坦等南盟国家接壤。目前，印度已经开展跨国电网互联相关工作，提高地区能源安全水平。具体项目见表 1 - 16。

表 1 - 16　　印度与周边国家互联情况

地区	互联情况
印度一尼泊尔	目前，印度和尼泊尔通过 11、33kV 和 132kV 线路互联。2016 年，为加强电力传输能力，建设了 Muzaffarpur（印度）与 Dhalkebar（尼泊尔）的 400kV 线路（降压至 132kV 运行）。2017 年 8 月，Kataiya - Kusaha 和 Raxaul - Parwanipur 132kV 线路投入使用。印度对尼泊尔的送电能力提升至 490MW
印度一不丹	目前，印度和不丹通过 400、220kV 和 132kV 线路互联，印度从不丹的 Tala，Chukha 和 Kurichu 电厂进口约 1500MW 的电力。近期，两条 400kV 跨境线路即将投产，以接受不丹 Punatsangchu - Ⅰ、Punatsangchu - Ⅱ 和 Mangdechu 等新建水电站的发电。来自不丹的水电将通过 Biswanath Chariali - Alipurduar - Agra 的 ±800kV 双极特高压直流输电通道线向印度输送
印度一孟加拉国	目前，印度和孟加拉国之间通过 Baharampur（印度）- Bheramara（孟加拉国）的 400kV 线路经 Bheramara 500MW 背靠背换流站互联，印度向孟加拉国的输送容量为 500MW。正在建设的互联通道包括 Baharampur - Bheramara 的 400kV 第二输电通道、Katihar（印度）- Parbotipur（孟加拉国）- Bornagar（印度）的 765kV 输电通道（400kV 降压运行），经 Parbotipur 500MW 背靠背换流站互联；Suriyamaninagar（印度）与 Comilla（孟加拉国）的互联通道
印度一斯里兰卡	印度和斯里兰卡就建设 Madurai 和 New Anuradhapura 之间的 2×500MW 双极高压直流输电线路进行了可行性研究

（三）运行交易

印度电网区域间传输电量规模持续扩大，北部电网受电规模达到输电总规模的一半左右。2017 财年，印度区域间传输电量达到 1500 亿 kW·h，同比增长

8.65%，五年内增长超过1倍。北部电网和南部电网是主要的受电区域，2017财年北部电网受入电量74亿kW•h，外送电量105亿kW•h，净受电635亿kW•h，同比降低3.6%。西部电网和东部电网是主要的送电区域，2017财年西部电网外送电量827亿kW•h，受入电量117亿kW•h，净送出709亿kW•h，同比提高3.49%。清洁能源跨区消纳是区域间传输电量规模扩大的重要因素。2012—2017财年印度区域间传输电量见表1-17。

表1-17　　2012—2017财年印度区域间传输电量　　亿kW•h

区域电网	2012财年	2013财年	2014财年	2015财年	2016财年	2017财年
西部—北部	116.7	242.1	299.1	466.2	496.0	504.8
东部—北部	156.0	145.6	129.1	139.1	212.0	200.1
东北部—北部	—	—	—	4.0	27.8	35.1
北部—西部	24.9	37.1	49.8	34.4	37.9	77.9
北部—东部	8.1	14.0	13.6	21.0	26.6	20.1
北部—东北部	—	—	—	7.7	12.9	7.2
西部—东部	31.0	11.4	19.9	35.5	54.1	99.2
东部—西部	25.4	28.3	31.8	53.9	50.6	12.5
东部—东北部	22.8	23.4	25.6	19.1	27.4	43.1
东北部—东部	1.1	0.9	2.7	8.2	9.5	6.3
东部—南部	195.0	200.7	210.8	220.2	200.2	244.4
南部—东部	0.1	0.0	0.0	0.0	0.0	0.0
西部—南部	76.0	1.0	106.8	159.3	224.9	222.8
南部—西部	0.0	0.5	3.1	1.6	1.0	27.0

印度电网出口电量规模继续提高，连续两年实现电力净出口。自2013财年起，印度从不丹进口电量规模基本保持稳定，出口电量稳步提升，向尼泊尔和孟加拉国出口电量分别增长2.8倍和3.3倍。2016财年，印度首次实现电量净出口；2017财年，印度进口电量为56亿kW•h，出口电量为72亿kW•h，电量净出口规模达到16亿kW•h，较上年提高1.7倍。随着电力装机规模不断增长和结构不断优化，印度凭借优势位置，将在南亚跨境电力贸易中扮演更加重要

的角色。2013—2017 财年印度与周边国家电力贸易规模见表 1-18。

表 1-18　2013—2017 财年印度与周边国家电力贸易量　亿 kW·h

国家	不丹	尼泊尔	孟加拉国	缅甸
2017 财年	56.11	-23.89	-48.09	-0.05
2016 财年	58.64	-20.21	-44.20	-0.03
2015 财年	55.57	-14.70	-36.54	—
2014 财年	51.09	-9.97	-32.72	—
2013 财年	55.55	-8.40	-14.48	—

注　正数为受入，负数为送出。

印度配电网建设和管理升级效果明显，配网改造计划（UDAY）各成员邦线损呈下降趋势。截至 2018 年 7 月，印度 37 个邦中有 32 个邦签署了 UDAY 计划协议，其中 2017 年新增 11 个。全体成员的线损由 2016 财年的 21%降至 2017 财年的 20.3%，Andhra Pradesh、Tamil Nadu 和 Gujarat 等邦的线损在 2017 财年低于 15%。此外，泰米尔纳德邦和古吉拉特邦的线损进一步显著改善，Himachal Pradesh、Manipur 和 Punjab 等地区线损同比减少 5%以上。DISCOM 的计费效率也从 2016 财年的 81.4%提高到 2017 财年的 82.9%，提高了 1.5 个百分点。

（四）智能化

印度持续加大配电一次设备升级和二次设备改造，但智能电表部署推进缓慢。综合电力发展计划自实施以来，已完成 52 个 SCADA 系统部署，实现 1376 个城镇电网信息化升级和 31 685 个馈线在线监测。在 UDAY 计划的推进下，各类测量设备快速部署，城镇和农村电网馈线测量单元已实现全覆盖，城镇配变测量单元覆盖率达到 58%，同比提升 5 个百分点，农网达到 51%，同比提升 9 个百分点；智能电表部署推进缓慢，在年用电量高于 500kW·h 和 200kW·h 的用户覆盖率仅为 3%和 1%。印度电网开展全数字化变电站计划，着手将旧变电站的传统控制和保护系统改造成基于过程总线的变电站自动化系统。2016年以来印度智能电表和测量单元部署情况见图1-40。

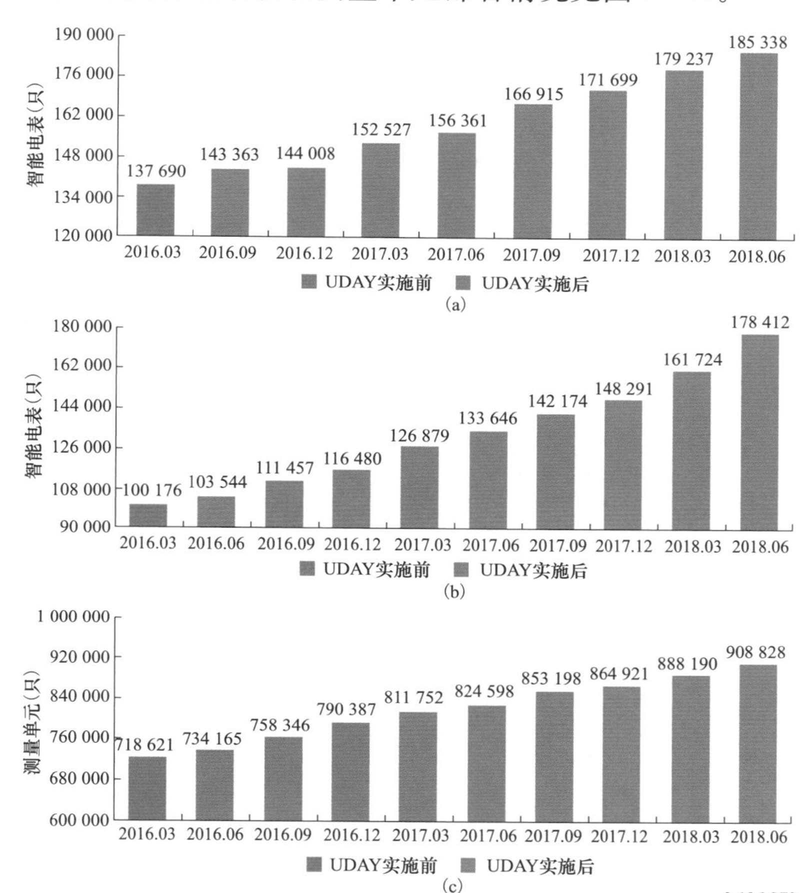

图1-40 2016年以来印度智能电表和测量单元部署情况

(a) 智能电表安装数量(用电量高于200kW·h的用户);(b) 智能电表安装数量(用电量高于500kW·h的用户);(c) 测量单元(农村电网);(d) 测量单元(城镇电网)

印度持续对控制系统进行升级改造,提升对电网的控制能力。2014年以来,印度电网对国家和区域电力调度中心的SCADA系统持续进行升级,加入动态安全评估、自动发电控制和调度员培训模拟等功能，该工作将持续到2019年。依托URTDSM项目建设的广域测量系统已经进入调试阶段，目前1366个向量测量单元（PMU）部署完毕，试运行将2018年完成。目前，印度POWERGRID公司依托PMU测量数据，开展了线路参数估计、脆弱性评估和安全控制策略设计等工作。

（五）新能源消纳

“绿色能源走廊”计划建设进度和融资形势不明朗，可再生能源消纳压力增大。为促进可再生能源消纳，印度2013年起实施“绿色能源走廊”计划，通过新建输电通道，部署可再生能源预测、调度和监控系统，以及动态无功补偿和电网级储能，提升区域内/间电网传输能力。2017财年，印度投资50亿卢比（约7700万美元）建设相关输电线路350km；2018财年建设目标为1900km，为达到2020年累计建设规模8500km的目标，2019财年建设任务高达5500km。截至2018年3月，印度可再生能源装机规模达到69GW，且未来3～4年规划新增106GW。新能源装机规模迅速增长，对“绿色能源走廊”项目进度提出了新的需求和挑战。

（六）储能

印度储能市场广阔，发展潜力巨大。据印度储能联盟（IESA）估计，到2022年印度的储能市场规模将达到70GW/200GW•h。而在70GW的储能市场上，有超过一半的需求来自于风电和光伏并网、调峰调频、柴油替代和电动汽车等新领域。印度的储能市场十分活跃，用户侧和电网侧先后开始建设大型储能项目，政府相关部门也出台了有关政策促进和规范电池储能产业在印度国内的发展。2017年9月，印度新能源和可再生能源部（MNRE）发布了将电池储能系统（BESS）纳入太阳能光伏、系统、设备和零部件范围的法令，并公布了于2018年9月生效的适用于光伏储能电池的通用要求和测试方法。2018年1月，由三菱公司和印度AES公司承建的印度首个10MW公用储能系统动工，预计将于年底竣工。该项目服务于印度塔塔电力德里输配电公司（Tata Power－DDL），届时将为德里地区的700多万客户提供更好的峰值负载管理，同时增加电力系统灵活性和可靠性。

1.6 非洲电网

非洲电网尚未联网，除毛里求斯、马达加斯加和佛得角等岛国为独立运行电网外，大致分为五大部分，即北部非洲电力池（COMELEC），东部非洲电力池（EAPP）、西部非洲电力池（WAPP）、中部非洲电力池（CAPP）和南部非洲电力池（SAPP）。各区域分布如图 1-41 所示。

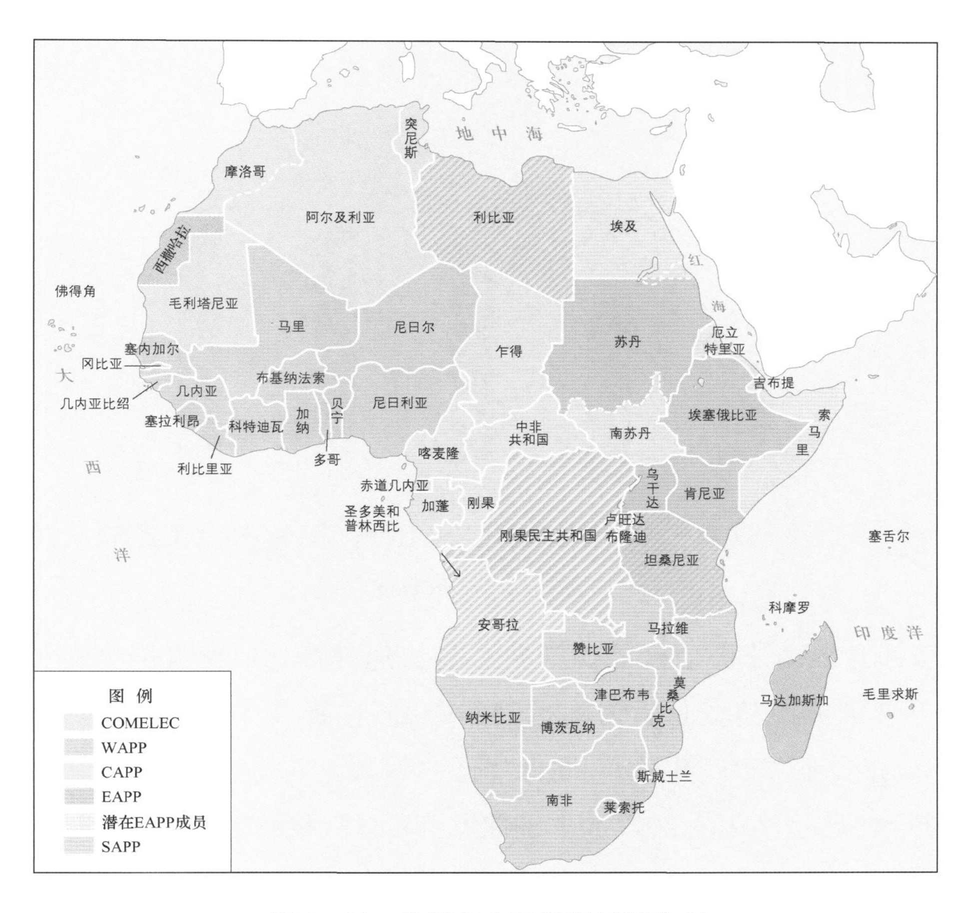

图 1-41 非洲各电网组织区域分布

注：安哥拉、布隆迪、刚果（金）、利比亚、坦桑尼亚等国属于多个电力池。

1.6.1 经济社会概况

经历了2016年低谷之后，非洲经济迎来反弹，东非依旧是非洲增长最快的地区。2017年，非洲经济总量为2.4万亿美元，同比增长3.2%，较上年提高1.5个百分点。利比亚、几内亚和埃塞俄比亚是非洲经济增长最快的国家，增速分别为26.7%、12.7%和10.3%。科特迪瓦、坦桑尼亚、塞内加尔紧随其后。埃塞俄比亚经济增长主要依靠不断增加的基础设施投入和强劲内需，其人口规模也蕴含巨大的经济潜力。经济规模较大的尼日利亚、南非两国2017年摆脱低迷，南非经济增长1.3%，尼日利亚经济则增长了0.8%。2013—2017年非洲GDP及其增长率见图1-42。

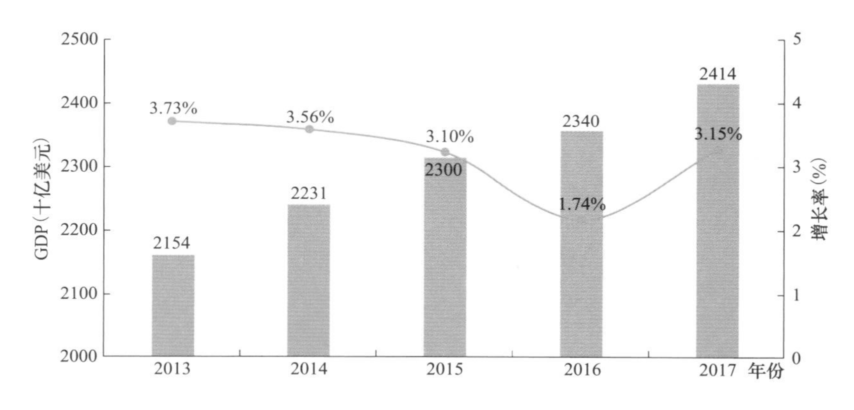

图1-42 2013—2017年非洲GDP及其增长率（2010年不变价）

数据来源：World Bank。

经济回升推动非洲地区能源消费总量快速提高，但能源强度保持稳定。2017年，非洲能源消费总量为805.3Mtoe，同比提高3.1%，能源强度降至0.1325kgoe/美元（2015年价），同比降低0.17%，人均能源消费0.64toe，比上年提升0.54%。2013—2017年非洲能源消费总量和强度情况见图1-43。

1.6.2 能源电力政策

（1）破除能源贫困。2018年5月，国际能源署（IEA）和非洲联盟同意建

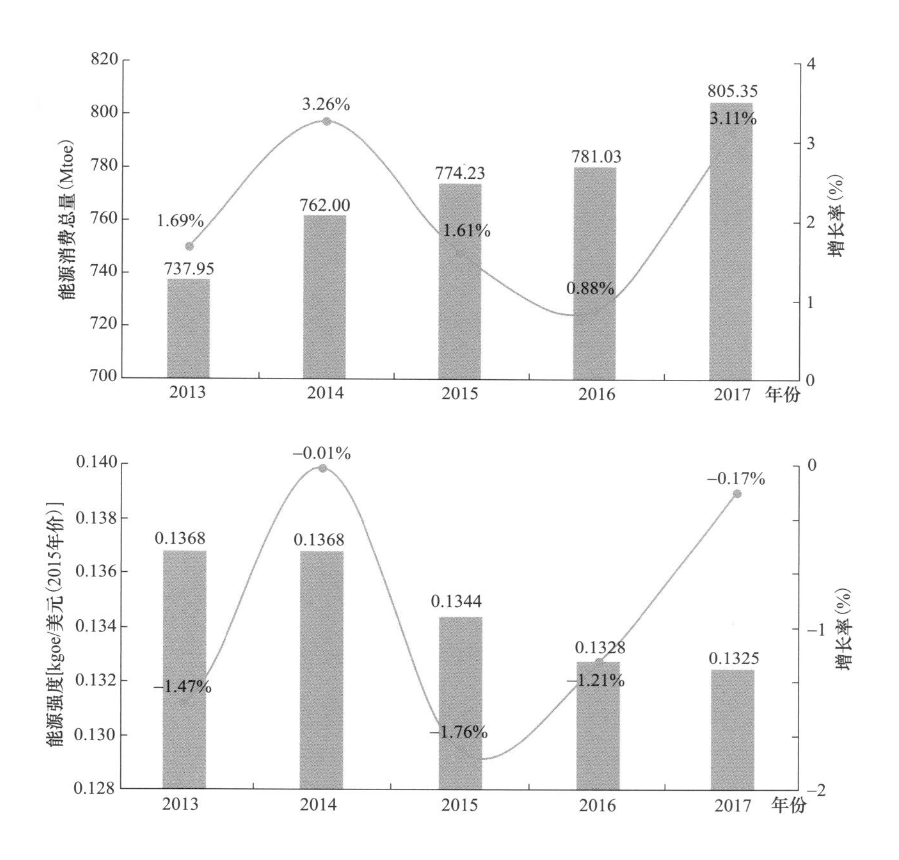

图 1-43 2013—2017 年非洲能源消费总量和强度情况

数据来源：Enerdata，Enerdata Energy Statistical Yearbook 2017。

立战略伙伴关系，以实现非洲大陆各国更安全、可持续和清洁的能源未来。双方于 2018 年 5 月在巴黎签署谅解备忘录。这一协议为促进能源安全、能源统计、能源效率、可再生能源和可持续经济发展等领域共同利益的活动和项目提供了一般框架，并将在实现人人享有安全和可持续的能源方面发挥至关重要的作用。

(2) 促进非洲电网发展。2018 年 4 月在亚的斯亚贝巴举行的会议上，11 个非洲电力池和电力公用事业协会接受了非洲发展新伙伴关系机构关于建立一个大陆输电网络的建议。大陆输电网络将连接所有非洲公用事业，并创造一个巨大的能源市场，使任何公用事业都能从非洲或非洲以外获得最具竞争力的能源来源。

延伸阅读——政策要点

1）该计划首先着眼于实现单个电力池的总体规划，实现每个电力池区域内的所有公用设施互联，然后使用最优链路将多个电力池连接起来，从而形成大陆输电网络。

2）大陆输电网络将通过摩洛哥和西班牙之间的现有线路，以及埃及、利比亚、突尼斯和阿尔及利亚与意大利之间规划中的线路与欧洲进行互联，通过埃及和约旦之间的现有线路与亚洲互联，通过埃及和沙特阿拉伯之间的现有线路与海湾国家互联，从而形成一个跨亚—非—欧和海湾国家的能源市场。

（3）推进一体化进程。2018 年 3 月，非洲大陆自由贸易区成立，对非洲一体化具有重要里程碑意义。在基加利举行的第十届非盟大会特别会议上，非洲各国领导人就建立非洲大陆自由贸易区协定的问题签署相关协议。

延伸阅读——政策要点

1）在 55 个非洲联盟成员国中，有 44 个国家在非洲大陆自由贸易区协议上签字，43 个国家签署了《基加利宣言》，27 个国家签署了《人的自由迁徙、居住权和建制权议定书》。

2）在各国批准了非洲烟草控制框架协议之后，到 2022 年，该协议的实施将使非洲内部贸易增加 52%。此外，该协议将有助于取消 90%的商品关税，开放服务并解决妨碍非洲国家之间贸易的其他障碍，如边境哨所的长期拖延。

1.6.3 电力供需形势

（一）电力供应

非洲电源装机容量较少，增长空间很大。2017 年，非洲电源总装机约 1.53

亿kW，人均装机容量约0.12kW，远低于世界平均水平。其中水电装机占比15.6%，火电装机占比79.2%，风、光、地热等可再生能源装机占比约4%，核电装机占比约1.2%。2013—2017年非洲不同装机类型装机容量见图1-44。

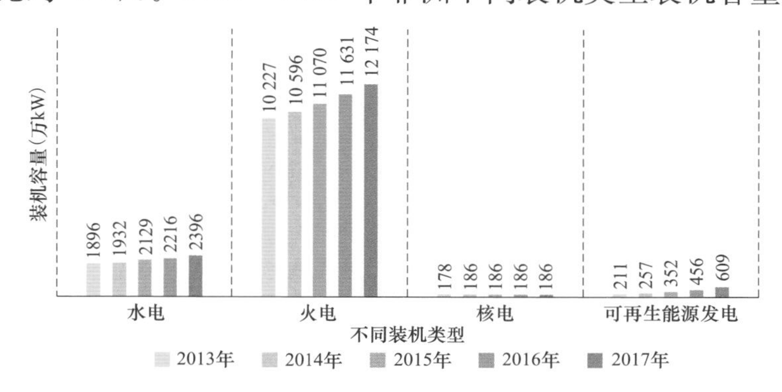

图1-44 2013—2017年非洲不同装机类型装机容量

注：2015—2017年数值为预测值。

非洲发电量保持稳步增长，风电和光伏发电量增幅较大，南部和北部占比较大。2017年，非洲发电量为8196.9亿kW·h，同比增长2.5%。火电和水电占比较大，分别占79.8%和16.3%；可再生能源发电量同比增长6%，其中风电和光伏发电量增长较快，同比增长8%，主要分布于南部和北部非洲。新增发电量中同样以火电和水电为主，但新能源占比超过5%。北部和南部非洲发电量占比分别为42.3%和39.2%，中部非洲占比仅为4.3%。2013—2017年非洲不同装机类型的发电量见图1-45。

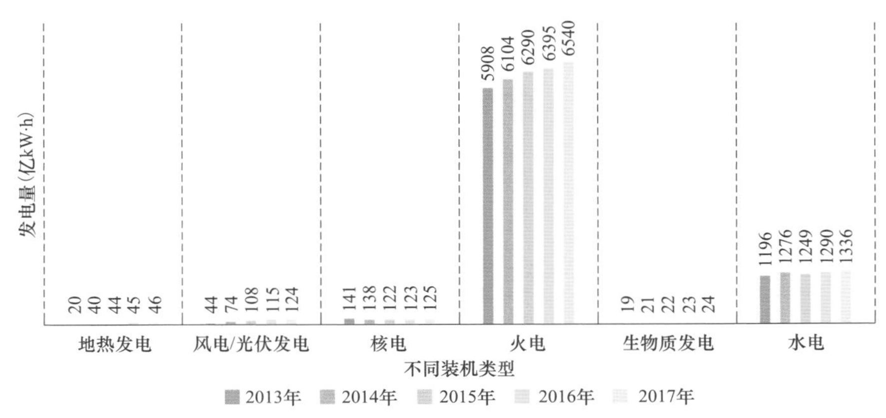

图1-45 2013—2017年非洲不同装机类型的发电量

非洲中部和东部以水电为主，西部、北部和南部以火电为主。2017 年，非洲中部发电量中水电比重超过七成，其余基本为火电，而西部发电结构与中部正好相反；东部除水电和火电外，有大量发电量来自地热，占比达 9.8%；北部火电占比达到 93.7%；南部火电发电量占比同样超过七成，位于南非的核电发电量占本区域发电量的 3.9%。

（二）电力消费

非洲用电量增速连续四年同比扩大，南部非洲增速最快。2017 年，非洲用电量为 7186.8 亿 kW•h，同比增长 7.1%，较上年提高 1.2 个百分点。用电量集中于北部和南部非洲，占比分别为 39.3%和 44.3%，西部、东部和中部非洲用电量占比分别为 7.6%、4.8%和 3.9%。南非用电量猛增，带动南部非洲用电量增长 11.8%。莫桑比克和摩洛哥用电量增长较快，增速分别为 7.9%和 6.4%。2013—2017 年非洲各地区用电量见图 1 - 46。

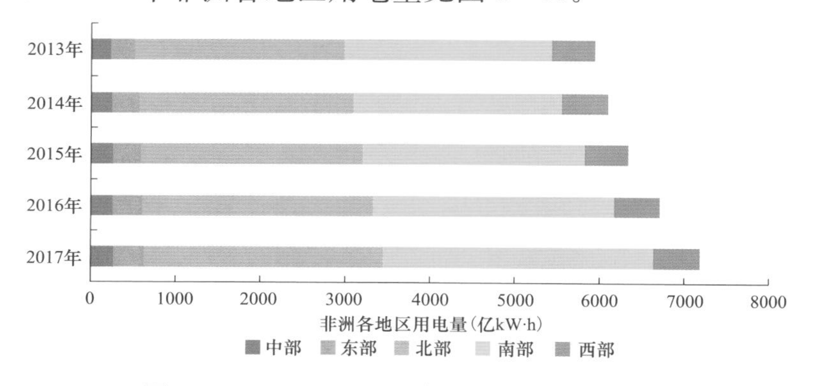

图 1 - 46　2013—2017 年非洲各地区用电量

南非和埃及是非洲的主要用电负荷中心。2017 年，南非用电量为 2673.9 亿 kW•h，占非洲总量的 37.2%；埃及用电量为 1585.1 亿 kW•h，占非洲总量的 22.1%。其他用电量较多的国家包括阿尔及利亚、摩洛哥和尼日利亚，用电量分别为 610.5 亿、339.7 亿、261.95 亿 kW•h。

1.6.4　电网发展水平

非洲国家的电力系统普遍面临覆盖程度低、输电能力弱、供电可靠性低的问题。除北部非洲五国和南非外，各国都未实现全国联网，骨干电网电压等级普遍以110、220kV为主。非洲已经成立五大区域电力池，目前跨国联网总体薄弱，电压等级低，跨国电力交易集中在各电力池内部且交易规模很小。

（一）联网现状

（1）北部非洲电力池。

北部非洲五国电网已通过400/500kV交流实现互联，并与欧洲和西亚互联。摩洛哥与阿尔及利亚通过2回400kV和2回225kV线路互联；阿尔及利亚与突尼斯通过2回90kV、1回400kV和1回150kV线路互联；突尼斯与利比亚通过3回225kV线路互联；利比亚与埃及通过1回225kV线路互联。跨洲联网方面，摩洛哥与西班牙通过2回400kV交流互联，埃及与约旦通过1回400kV交流互联。

（2）西部非洲电力池。

西部非洲电网互联较弱。塞内加尔、马里和北部非洲国家毛里塔尼亚通过1回330kV线路相联；布基纳法索、科特迪瓦和加纳通过1回220kV线路相联；加纳、多哥和贝宁通过1回161kV线路相联；尼日尔和尼日利亚通过1回132kV线路相联；贝宁和尼日利亚之间通过1回330kV线路相联。

（3）中部非洲电力池。

中部非洲各国电网之间基本没有互联，刚果（金）与安哥拉、刚果（布）以及非洲南部国家赞比亚分别通过一条220kV线路联接，刚果（金）东部有一小片低压配电网（90kV）与东部非洲国家卢旺达和布隆迪相联组成孤立运行的小区域电网。

（4）东部非洲电力池。

东部非洲电网主网架主要采用400/220kV电压等级，区内形成北、东、西三个同步电网。北部为苏丹吉布提－埃塞尔比亚电网，东部为乌干达－肯尼亚－坦桑尼亚电网，西部为卢旺达－布隆迪－刚果（金）电网。

（5）南部非洲电力池。

南部非洲除安哥拉、马拉维外，各国之间基本实现了互联。以水电为主的北部地区和以火电为主的南部地区，通过132、220kV和400kV线路互联。

（二）电力交易

受互联程度低等因素约束，非洲电力贸易总量较小。2017年，非洲电力交换电量为242.5亿kW•h，仅为发电量的3%。南部非洲电力交换量最大，为91.2亿kW•h，但绝大多数为区域内部交易；其次为西部和北部非洲，交换电量在60亿kW•h左右。东部非洲电力交换量极小，仅为3.6亿kW•h。电力进口量最大的国家为摩洛哥，2017年进口电量达到51.3亿kW•h，莫桑比克、南非电力出口排名靠前。北非和西非从周边进口大量电量。

1.7 小结

国外主要经济体呈现增速回升，北美、欧洲和日本正在缓慢走向复苏，非洲经济提速，巴西摆脱衰退，印度增速高位放缓。2017年，北美和欧洲经济表现超出预期，GDP增速在2.5%左右。日本经济增速达到1.7%，为近四年来最高。印度经济增速继续回落，但仍高达6.6%。巴西经济摆脱两年衰退，增速约为1%。非洲经济触底反弹，增长3.2%。

发达国家和地区能源消费和经济发展脱钩趋势比较明显，发展中国家和新兴经济体能源消费总量和强度变化与经济状态关联密切。2017年，北美、欧洲能源消费总量小幅上涨，但能源消费强度降幅超过1%。欧洲能源强度低于世界平均水平30%，美国、加拿大仍高于世界平均水平，节能潜力较大。受经济增长拉动，日本能源消费总量连续三年降低后迎来首次小幅提高。印度能源结构持续优化，能源强度保持较快下降，但受人口增长和城市化推进的影响，能源需求仍保持较快增长，增速达4.4%。巴西经济摆脱颓势，非洲经济增速回升，能源消费总量均同比上升。

各国家和地区大力发展清洁能源，光伏发电和风电装机继续增长，电网发展迎来新机遇。从电力供应来看，各国积极发展太阳能、风能、生物质能等可再生能源装机，除此之外，具备资源条件的北美和欧洲大力发展天然气，巴西大力发展水电等清洁能源，电力装机向大规模清洁化发展。非洲新增装机仍以煤电为主，但光伏发电和风电也在加速发展。发展较快的清洁能源装机一般都距负荷中心有一段距离，需加强电网建设提供消纳平台。从电力消费来看，除欧洲外，各国家和地区最大用电负荷均有所增长。随着电能替代措施的实施，各国用电量增速均大于能源消费增速，电气化程度不断提高，其中日本电气化程度最高，其电能在终端能源消费中的比重达28%。

各国家和地区出台电化学储能和分布式电源相关政策，逐步开始商业应用，规模呈爆发式增长。储能方面，全球新增规模达到1.4GW/2.3GW•h，北美市场规模最大，美国电化学储能项目累计装机规模突破700MW，过去三年新增规模占到总投运规模的2/3；德国、英国和日本的储能规模增长较快；印度发布《国家储能战略》，发力储能产业；储能应用由工业领域向商业领域和居民侧扩展。分布式电源方面，美国分布式电源累计装机规模突破2.4GW，“光伏+储能”装机规模增速超过25%；巴西分布式电源超过250MW，当年新增容量超过此前累计规模2倍。

北美、日本电网规模基本稳定，欧洲电网规模减小，印度和巴西电网规模保持快速增长，但各国家和地区电网结构持续优化。2017年，北美、日本线路长度和变电容量增长率小于1%，电网发展的驱动因素中，供电可靠性为首要因素，其次为间歇式新能源接入；欧洲的电网规模出现下降，但跨区直流线路增长迅速，骨干网架持续补强；印度持续加大电网基础设施建设力度，线路规模增长6.3%，其中特高压交流线路增速达12.2%；巴西特高压直流线路投运，230kV网架持续优化。

各国家和地区电网整体持续向互联化、智能化、清洁化方向发展。北美、欧洲和日本等国家和地区面临电源结构调整、设备老化等问题。私人投资公司加快介入新能源送出项目。欧洲联合电网发布新版十年发展规划，加快区域联网建设，直流线路比重上升。日本推进全国联通的输电网络设施规划，促进全国范围供需平衡，保障新能源消纳和紧急情况下电网的协调互济。巴西积极发展特高压，疏解水电送出压力，北电南送、西电东送的格局进一步明显。印度持续加大跨区域输电通道建设，区域间通道容量达到86GW。非洲区域一体化进程加快，对电网等基础设施互联的需求进一步提高。

2

中国电网发展

中国大陆电网（简称“中国电网”）供电范围覆盖全国 22 个省、4 个直辖市和 5 个自治区，供电人口超过 14 亿，由国家电网有限公司（简称“国家电网公司”）、中国南方电网有限责任公司（简称“南方电网公司”）和内蒙古电力（集团）有限责任公司（简称“内蒙古电力公司”）[1] 3 个电网运营商运营。其中，国家电网公司经营区域覆盖 26 个省（区、市），覆盖国土面积的 88%以上，供电人口超过 11 亿；南方电网公司经营区域覆盖广东、广西、云南、贵州和海南五省（区），覆盖国土面积 100 万 km^2，供电总人口 2.52 亿人，供电客户 8497 万户，同时兼具向中国香港、澳门送电的责任；内蒙古电力公司负责蒙西电网运营，供电区域 72 万 km^2，承担着内蒙古自治区 8 个盟市工农牧业生产及城乡 1388 万居民生活供电任务。蒙西电网和华北电网采用联合调度的方式，从调度关系上看，蒙西电网是华北电网的组成部分。本章针对中国电网的现状，从发展环境、投资造价、规模增长、网架变化、配网发展、运行交易、电网运营等方面进行分析，总结了 2017 年电网发展变化和发展重点，为分析电网下一步发展趋势提供基础支撑。

2017 年，中国电网规模保持平稳增长，输电能力不断提高，为经济社会发展提供可靠电力支撑，其中特高压直流工程投产较多，增速最快，换流容量增速达到 74.6%，线路长度规模增速达到 67.8%。各区域电网网架结构不断优化。配电网发展也取得一系列成效，在建设世界一流城市配电网、开展城市配电网可靠性提升工程等方面取得突出进展，通过小康用电示范县、农村电网升级改造，缓解了城乡电网发展不平衡的问题，提升了农村电网供电水平。

---

[1] 由于内蒙古电力（集团）有限责任公司经营区电网数据收集困难等因素，在电网经营区层面的分析中暂不涉及。

2.1 电网发展环境

2.1.1 经济社会概况

2017 年，中国国民经济稳中向好，好于预期，经济活力、动力和潜力不断释放，稳定性、协调性和可持续性明显增强，实现了平稳健康发展。

2017 年，中国 GDP 为 827 122 亿元，占世界经济总量的 12.69%，比上年增长 6.9%。分省来看，广东、江苏、山东、浙江、河南等五省经济总量持续保持全国领先；贵州、西藏、云南、重庆、江西等中西部省（市）在经济增速上全国领先。2011—2017 年中国国内生产总值及增长率统计如图 2-1 所示。

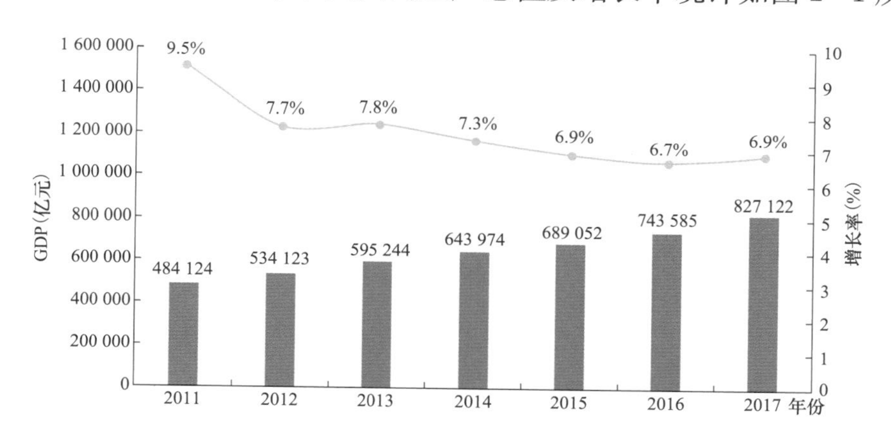

图 2-1　2011—2017 年中国国内生产总值及增长率

数据来源：国家统计局，中华人民共和国 2017 年国民经济和社会发展统计公报❶。

能源消费总量及增速持续增加，单位 GDP 能耗不断下降。2017 年，中国能源消费总量为 3105Mtoe，同比增长 2.9%，如图 2-2 所示；能源消费弹性系数仅为 0.42。2017 年，中国单位 GDP 能耗为 0.138kgoe/美元（2015 年价），

❶ 国内生产总值按当年价计算。

同比下降3.6%，但仍高于世界平均水平约19%，未来能源消费强度进一步下降空间巨大，如图2-3所示。

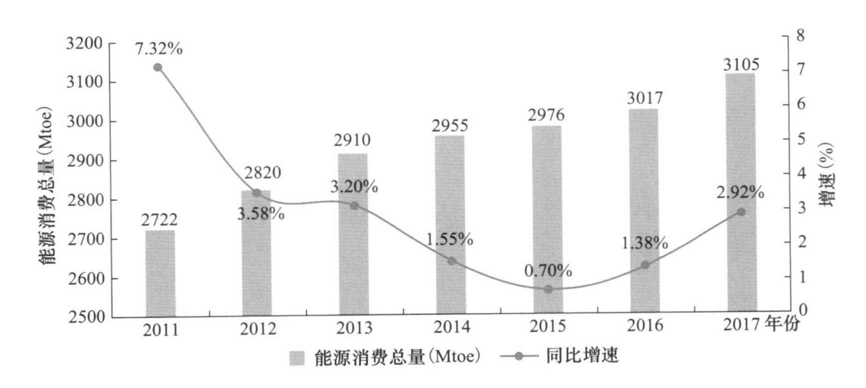

图2-2　2011—2017年中国能源消费总量及增速

数据来源：Enerdata Global Statistical Yearbook 2018。

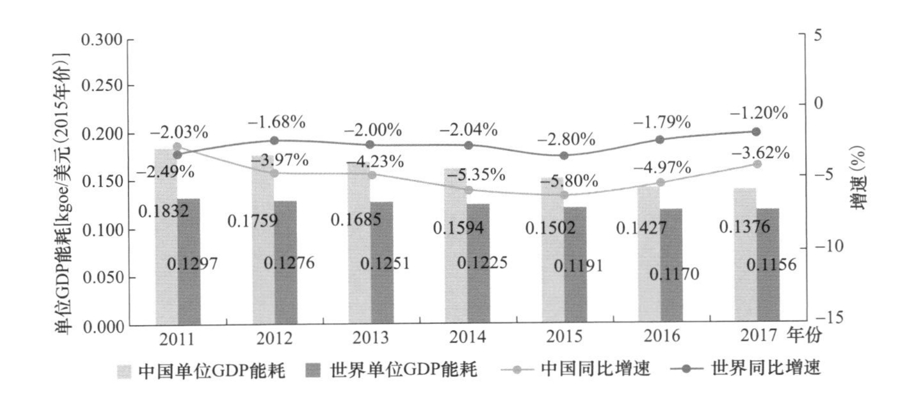

图2-3　中国与世界能源消费强度

数据来源：Enerdata Global Statistical Yearbook 2018。

电能占终端能源消费比重持续提高。2017年，全社会用电量为63 625亿kW·h[1]，同比增长6.6%，增速快于能源消费增长3.7个百分点，如图2-4所示。2017年，中国电能占终端能源消费比重为24.9%，同比提高1个百分点。

[1] 数据来源于中国电力企业联合会，中国电力行业年度发展报告2018。

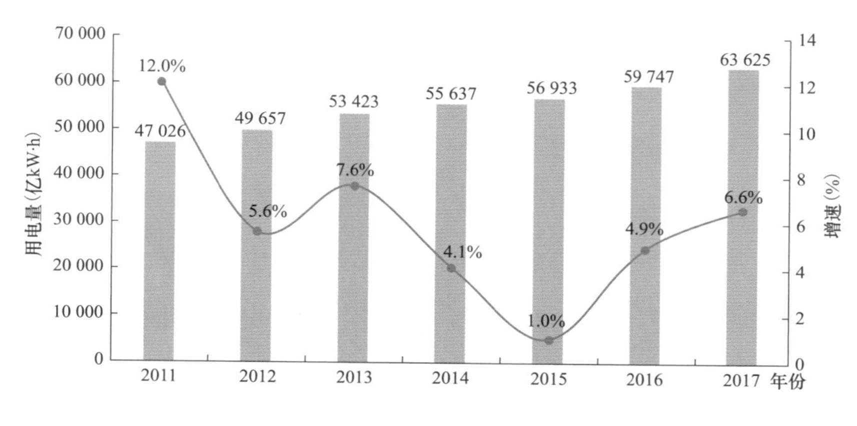

图 2-4 2011—2017 年中国用电量及增速

数据来源：中国电力企业联合会，中国电力行业年度发展报告 2018；国家电网公司，2017 社会责任报告；南方电网公司，2017 企业社会责任报告。

2.1.2 能源电力政策

（一）持续推动能源转型发展

（1）防范化解煤电产能过剩风险。

近几年，全社会用电量增速放缓，电源装机容量增速仍相对较高，导致发电设备利用小时数大幅下降，尤其火电设备利用小时数降到 4500h 以下，2016 年全国火电设备平均利用小时数为 4186h，创下自 1969 年以来的最低，煤电过剩风险日益显现。2017 年火电设备平均利用小时数为 4209h，同比增加 23h，较前三年有所提升，但仍低于煤电机组规划设计的基准线。煤电过剩是“十三五”期间中国电力行业的主要矛盾之一。

为防范化解煤电产能过剩风险，促进煤电有序发展，2017 年 4 月国家能源局发布《关于发布 2020 年煤电规划建设风险预警的通知》（国能电力〔2017〕106 号），将煤电建设风险预警结果由高到低分为红色、橙色、绿色三个等级。全国 32 个省级电网区域（含蒙东、蒙西）中，有 25 个区域的预警状态为预警程度最严峻的红色，河南、湖北、江西、安徽四省为橙色，湖南和海南两省为绿色。2017 年 8 月，国家发展改革委、国家能源局会同八部门联合印发《关于推进供给侧结构性改革　防范化解煤电产能过剩风险的意见》（发改能源〔2017〕1404 号），明确了从严淘汰落后产能、清理整顿违规项目、严控新增产能规模、加快机组升级改造、规范自备电厂管理、保障电力安全供应六项主要任务。2017 年 11 月，国家发展改革委发布《关于新核准煤电机组电量计划安排的复函》（发改办运行〔2017〕1794 号），主要内容包括深化推进电力体制改革、科学制订热电机组优先发电计划、确保京津冀电力供应安全稳定。2017 年 12 月 26 日，在 2018 年全国能源工作会议中，强调了聚焦煤炭和煤电，深入推进供给侧结构性改革，坚决夺取煤炭去产能任务决定性胜利，大力化解煤电过剩产能。

延伸阅读——主要政策要点

《关于推进供给侧结构性改革　防范化解煤电产能过剩风险的意见》：

1）到 2020 年，全国煤电装机规模控制在 11 亿 kW 以内，具备条件的煤电机组完成超低排放改造，煤电平均供电煤耗降至 310gce/（kW·h）。

2）主要任务包括从严淘汰落后产能、清理整顿违规项目、严控新增产能规模、加快机组改造提升、规范自备电厂管理、保障电力安全供应。

（2）科学引导可再生能源发展。

我国能源消费将持续增长、绿色低碳作为能源发展方向。为实现可再生能源持续健康有序发展，需加速构建清洁低碳、安全高效的能源体系，推进能源结构转型升级。

为促进地热能产业持续健康发展，推动建设清洁、低碳、安全、高效的现代能源体系，2017 年 1 月国家发展改革委、国家能源局、国土资源部联合发布《关于印发〈地热能开发利用“十三五”规划〉的通知》（发改能源〔2017〕158 号），阐述了地热能开发利用的指导方针和目标、重点任务、重大布局，以及规划实施的保障措施等，该规划是“十三五”时期我国地热能开发利用的基本依据。

2017年2月，国家发展改革委、财政部、国家能源局联合发布《关于试行可再生能源绿色电力证书核发及自愿认购交易制度的通知》（发改能源〔2017〕132号），促进清洁能源消纳利用，进一步完善风电、光伏发电的补贴机制，拟在全国范围内试行可再生能源绿色电力证书核发和自愿认购。

2017年8月，国家能源局发布《关于可再生能源发展“十三五”规划实施的指导意见》（国能发新能〔2017〕31号），为进一步加强可再生能源目标引导和监测考核、推动电网接入和市场消纳条件落实、建设规模管理机制、扩大补贴资金等方面提供了政策保障。

2017年9月，国家能源局发布《关于公布风电平价上网示范项目的通知》（国能发新能〔2017〕49号），要求示范项目的上网电价按当地煤电标杆上网电价执行，所发电量不核发绿色电力证书，在本地电网范围内消纳。

2017年9月，国家能源局发布《关于推进光伏发电“领跑者”计划实施和2017年领跑基地建设有关要求的通知》（国能发新能〔2017〕54号），推动光伏发电技术进步、产业升级和成本下降，实现2020年用电侧平价上网目标。

2017年10月，国家发展改革委和国家能源局联合发布《关于促进西南地区水电消纳的通知》（发改运行〔2017〕1830号），对促进西南水电科学发展作出一系列部署，包括加强规划引导和全局统筹、完善价格机制、建立市场和鼓励政策等长效机制等。

2017年11月，国家发展改革委、国家能源局联合印发《解决弃水弃风弃光问题实施方案》（发改能源〔2017〕1942号），提出了“三弃”问题的解决之道。

2017年12月，国家发展改革委发布《关于进一步做好生活垃圾焚烧发电厂规划选址工作的通知》（发改环资规〔2017〕2166号），指导各地做好生活垃圾焚烧发电厂规划选址工作，积极推进生活垃圾焚烧发电项目落地。

2018年2月，国家能源局发布《国家能源局关于发布2018年度风电投资监测预警结果的通知》（国能发新能〔2018〕23号），引导风电企业理性投资，督促各地区改善风电开发建设投资环境。

延伸阅读——政策要点

《关于试行可再生能源绿色电力证书核发及自愿认购交易制度的通知》（发改能源〔2017〕132号）：

1）拟在全国范围内试行可再生能源绿色电力证书核发和自愿认购，根据市场认购情况，自2018年起适时启动可再生能源电力配额考核和绿色电力证书强制约束交易。

2）即日起依托可再生能源发电项目信息管理系统，试行为陆上风电、光伏发电企业所生产的可再生能源发电量发放绿色电力证书，并开展证书认购工作，认购价格按照不高于证书对应电量的可再生能源电价附加资金补贴金额由买卖双方自行协商或者通过竞价确定。

《关于可再生能源发展"十三五"规划实施的指导意见》（国能发新能〔2017〕31号）：

1）结合本地区可再生能源发展规划和市场消纳条件，合理确定本地区可再生能源电力发展目标，加强项目建设管理和政策落实工作，推进可再生能源电力有序规范发展。国家能源局按年度对各省（区、市）可再生能源开发利用进行监测评估和考核，并向社会公布评估和考核结果。

2）各省（区、市）能源主管部门要把落实可再生能源电力送出和消纳作为安排本区域可再生能源电力建设规模及布局的基本前提条件。各省级电网公司应对年度新增建设规模的接网条件和消纳方案进行研究，并出具电力消纳意见。

3）各省（区、市）能源主管部门应遵循发挥市场在资源配置中起决定性作用和更好发挥政府作用的理念，结合电力体制改革等创新可再生能源电力发展模式。鼓励结合社会资本投资经营配电网、清洁能源局域电网和微电网建设，实现可再生能源高效利用并降低成本。

《解决弃水弃风弃光问题实施方案》：

1）提出解决弃水弃风弃光的工作目标，确保弃水弃风弃光电量和限电比例逐年下降，到2020年在全国范围内有效解决弃水弃风弃光问题。

2）围绕弃水弃风弃光问题的目标，提出完善可再生能源开发利用机制、充分发挥电网关键平台作用、加快优化电源结构与布局、多渠道拓展可再生能源电力本地消纳、加快完善市场机制与政策体系等举措。

（二）加快推进深度贫困地区能源建设

要确保到2020年我国现行标准下农村贫困人口实现脱贫，贫困县全面摘帽，解决区域性整体贫困，做到脱真贫，真脱贫、党中央对脱贫攻坚工作非常重视，近年来出台相关政策加以落实。

2017年11月，中共中央办公厅、国务院办公厅联合印发《关于支持深度贫困地区脱贫攻坚的实施意见》（厅字〔2017〕41号），对深度贫困地区脱贫攻坚工作作出全面部署。意见指出，西藏、四省藏区、南疆四地州和四川凉山州、云南怒江州、甘肃临夏州（“三区三州”地区）以及贫困发生率超过18%的贫困县和贫困发生率超过20%的贫困村，是脱贫攻坚中的硬骨头，补齐这些短板是脱贫攻坚决战决胜的关键之策。务必要加强教育扶贫、就业扶贫、基础设施建设、土地政策支持和兜底保障工作。

2017年11月，国家能源局印发《关于加快推进深度贫困地区能源建设助推脱贫攻坚的实施方案》（国能发规划〔2017〕65号），要求充分发挥能源开发建设在解决深度贫困问题上的基础性作用，加大支持力度，促进资源优势尽快转化为经济发展优势，助推深度贫困地区脱贫攻坚。

2018年5月，国家能源局发布《关于印发进一步支持贫困地区能源发展助推脱贫攻坚行动方案（2018—2020年）的通知》（国能发规划〔2018〕42号），要求加快贫困地区能源资源开发建设，包括优先规划布局能源开发项目，高质量加快推进能源项目建设；着力完善贫困地区能源基础设施，包括进一步加大贫困地区农村电网改造升级力度，启动实施抵边村寨电网升级改造攻坚计划，进一步加快实施动力电全覆盖工程，建立电力普遍服务监测评价体系；精准实施光伏扶贫工程，完善能源扶贫政策措施，加强定点扶贫工作，通过技术、政策、资金、人才全方位精准帮扶。

延伸阅读——主要政策要点

《关于加快推进深度贫困地区能源建设助推脱贫攻坚的实施方案》：

1）优先规划布局能源开发项目。科学合理确定深度贫困地区能源发展思路，明确未来三年的目标和任务，在条件允许的情况下，各类能源项目优先在深度贫困地区布局建设。

2）优先推动建设能源项目。推动《能源发展“十三五”规划》、各能源专项规划中已确定的深度贫困地区能源开发项目尽快开工建设投产。重点推进在“三区三州”规划建设的重大水电项目。

3）优先在深度贫困地区安排中央补助性资金。摸清深度贫困地区实际需求，加大农网改造和煤矿安全改造等方面中央补助性资金倾斜支持力度，切实发挥中央预算内投资的带动作用，提高深度贫困地区能源服务水平和安全生产水平，进一步促进当地经济发展。

（三）大力推进电能替代

实施电能替代有助于贯彻国家能源发展战略、推动能源消费革命，对于推动能源消费结构优化升级、强化大气污染防治具有重要意义。2016 年国家发展改革委、国家能源局、财政部会同八部委联合印发《关于推进电能替代的指导意见》以来，电能替代工作取得显著成效。

2017 年 6 月，国家能源局发布《关于开展北方地区可再生能源清洁取暖实施方案编制有关工作的通知》（国能综通新能〔2017〕36 号）。为有序“煤改电”供暖工作，2017年12月国家能源局相继发布《关于做好2017—2018年采暖季清洁供暖工作的通知》（国能综通电力〔2017〕116号）、《关于做好北方地区“煤改电”供暖工作保障群众温暖过冬的通知》（国能综通电力〔2017〕131号）。国家发展改革委、国家能源局、财政部会同十部委联合发布《关于印发北方地区冬季清洁取暖规划（2017—2021年）的通知》（发改能源〔2017〕2100号），对北方地热供暖、生物质供暖、太阳能供暖、天然气供暖、电供暖、工业余热供暖、清洁燃煤集中供暖、北方重点地区冬季清洁供暖“煤改气”气源保障总体方案做出了具体安排。

2017年9月，国家发展改革委、国家能源局会同六部委联合发布《关于深入推进供给侧结构性改革做好新形势下电力需求侧管理工作的通知》（发改运行规〔2017〕1690号），要求各有关部门和企业要在需求侧领域合理实施电能替代，促进大气污染治理，扩大电力消费市场，拓展新的经济增长点。要不断创新电能替代领域、替代方法和替代内容，进一步扩大电能替代范围和实施规模。

2018年1月，国家能源局发布《关于开展“百个城镇”生物质热电联产县域清洁供热示范项目建设的通知》（国能发新能〔2018〕8号），推进区域清洁能源供热，减少县域（县城及农村）散煤消费，有效防治大气污染和治理雾霾。

2018年7月，国务院发布《关于印发打赢蓝天保卫战三年行动计划的通知》（国发〔2018〕22号），提出要加快调整能源结构，构建清洁低碳高效能源体系，包括有效推进北方地区清洁取暖、重点区域继续实施煤炭消费总量控制、开展燃煤锅炉综合整治、提高能源利用效率、加快发展清洁能源和新能源。

延伸阅读——主要政策要点

《关于印发北方地区冬季清洁取暖规划（2017—2021年）的通知》：

1）到2019年，北方地区清洁取暖率达到50%，替代散烧煤（含低效小锅炉用煤）7400 万 t。到 2021 年，北方地区清洁取暖率达到 70%，替代散烧煤 1.5 亿 t。力争用 5 年左右的时间，基本实现雾霾严重的城市供暖清洁化，形成公平开放、多元经营、服务水平较高的清洁供暖市场。

2）到 2020 年，全国所有具备改造条件的燃煤热电机组实现超低排放改造。

（四）电力市场化改革稳步推进

为进一步贯彻落实中共中央国务院《关于进一步深化电力体制改革的若干意见》（中发〔2015〕9 号）和电力体制改革配套文件精神，各部门相继颁布一系列相关电力现货市场、分布式发电市场化、增量配电业务、输配电价改革等方面的政策和措施，电力市场化进程加快，改革红利加速释放。

2017 年以来，国家发展改革委和国家能源局联合发布《关于开展电力现货市场建设试点工作的通知》（发改办能源〔2017〕1453 号）、《关于开展分布式发电市场化交易试点的通知》（发改能源〔2017〕1901 号）、《关于规范开展第二批增量配电业务改革试点的通知》（发改经体〔2017〕2010 号），以充分发挥市场在电力资源配置中的决定性作用，组织分布式发电市场化交易试点加快推进分布式能源发展，进一步鼓励和引导社会资本投资增量配电业务。

2017 年 11 月，为推进供给侧结构性改革，深化电力体制改革，国家发展改革委发布《关于全面深化价格机制改革的意见》（发改价格〔2017〕1941 号），明确了未来三年价格改革的行动方案，加快价格市场化改革，完善价格形成机制，强化价格监管，维护公平竞争，打破行政性垄断，防止市场垄断，有效发挥价格机制的激励、约束作用，引导资源在实体经济特别是生态环保、公共服务等领域的高效配置。

为继续深入推进输配电价改革，2017 年 8 月，国家发展改革委发布《关于全面推进跨省跨区和区域电网输电价格改革工作的通知》（发改办价格〔2017〕

1407号），决定在省级电网输配电价改革实现全覆盖的基础上，开展跨省跨区输电价格核定工作，促进跨省跨区电力市场交易。2017年12月，国家发展改革委发布关于印发《区域电网输电价格定价办法（试行）》《跨省跨区专项工程输电价格定价办法（试行）》和《关于制定地方电网和增量配电网配电价格的指导意见》（发改价格规〔2017〕2269号），建立规则明晰、水平合理、监管有力、科学透明的输配电价体系，纵深推进输配电价改革。2017年底，国家发展改革委完成了对全国所有省级电网输配电价的核定。

2018年4月，国家发展改革委、国家能源局发布《关于规范开展第三批增量配电业务改革试点的通知》，进一步鼓励和引导社会资本投资增量配电业务，确定沧东经济开发区增量配电业务改革试点等97个项目为第三批增量配电业务改革试点。据统计，增量配电业务改革试点第一批105个、第二批89个，加上刚刚出炉的第三批试点，目前我国增量配电业务改革试点项目已达291个。

2018年7月，为继续有序放开用电计划，加快推进电力市场化交易，完善直接交易机制，深化电力体制改革，国家发展改革委、国家能源局联合发布《关于积极推进电力市场化交易进一步完善交易机制的通知》（发改运行〔2018〕1027号）。

延伸阅读——主要政策要点

《关于全面深化价格机制改革的意见》：

1）到2020年，市场决定价格机制基本完善，以“准许成本＋合理收益”为核心的政府定价制度基本建立，促进绿色发展的价格政策体系基本确立，低收入群体价格保障机制更加健全，市场价格监管和反垄断执法体系更加完善，要素自由流动、价格反应灵活、竞争公平有序、企业优胜劣汰的市场价格环境基本形成。

2）按照“管住中间、放开两头”的总体思路，深化垄断行业价格改革，能够放开的竞争性领域和环节价格，稳步放开由市场调节；保留政府定价的，建立健全成本监审规则和定价机制，推进科学定价。

3）区分竞争性与非竞争性环节、基本与非基本服务，稳步放开公用事业竞争性环节、非基本服务价格，建立健全科学反映成本、体现质量效率、灵活动态调整的政府定价机制，调动社会资本积极性，补好公用事业和公共服务短板，提高公共产品供给能力和质量。

（五）积极推进电动汽车及充电设施发展

当前，新一代信息通信、新能源、新材料等技术与汽车产业加快融合，产业生态深刻变革，竞争格局全面重塑，我国汽车产业进入转型升级、由大变强的战略机遇期。

为落实党中央、国务院关于建设制造强国的战略部署，推动汽车强国建设，工业和信息化部、国家发展改革委、科技部关于印发《汽车产业中长期发展规划》的通知（工信部联装〔2017〕53号），以加强法制化建设、推动行业内外协同创新为导向，优化产业发展环境；以新能源汽车和智能网联汽车为突破口，引领产业转型升级，推动汽车产业发展由规模速度型向质量效益型转变。

2017年3月，国家能源局、国资委、国管局联合下发关于《加快单位内部电动汽车充电基础设施建设》的通知，明确到2020年公共机构新建和既有停车场要规划建设配备充电设施（或预留建设安装条件）比例不低于10%；中央国家机关及所属在京公共机构比例不低于30%；在京中央企业比例力争不低于30%。鼓励其他社会企业参照以上标准开展内部充电设施建设。公共机构可自主建设充电设施，也可通过购买服务的方式引入第三方企业建设运营内部充电设施。

2017年12月，财政部、税务总局、工业和信息化部、科技部联合发布《关于免征新能源汽车车辆购置税的公告》（2017年第172号），自2018年1月1日至2020年12月31日，对购置的新能源汽车免征车辆购置税，以进一步支持新能源汽车创新发展。

为加快促进新能源汽车产业提质增效，增强核心竞争力，实现高质量发展，2018年2月，财政部、工信部、科技部、国家发展改革委四部委联合发布《关于调整完善新能源汽车推广应用财政补贴政策的通知》（财建〔2018〕18号），提出从提高技术门槛要求、完善新能源汽车补贴标准、分类调整运营里程要求三方面调整完善推广应用补贴政策。

延伸阅读——主要政策要点

《汽车产业中长期发展规划》：

1）到2020年，我国要培育形成若干家进入世界前十的新能源汽车企业，智能网联汽车与国际同步发展；到2025年，新能源汽车骨干企业在全球的影响力和市场份额要进一步提升，智能网联汽车进入世界先进行列。

2）到2020年，新车乘用车平均油耗要降低到0.05L/km，节能型汽车燃料消耗量降到0.045L/km以下，商用车接近国际先进水平，新能源汽车能耗处于国际先进水平；到2025年，新车平均燃料消耗量乘用车降到0.04L/km、商用车达到国际领先水平，新能源汽车能耗处于国际领先水平。

3）加快新能源汽车技术研发及产业化，实施动力电池升级工程，加大新能源汽车推广应用力度。到2020年，新能源汽车年产销达到200万辆，动力电池单体比能量达到300W•h/kg以上。到2025年，新能源汽车占汽车产销20%以上，动力电池系统比能量达到350W•h/kg。

（六）促进储能技术与产业有序发展

储能是智能电网、可再生能源高占比能源系统、“互联网＋”智慧能源的重要组成部分和关键支撑技术。加快储能技术与产业发展，对于构建清洁低碳、安全高效的现代能源产业体系，推进我国能源行业供给侧改革，推动能源生产和利用方式变革具有重要战略意义。同时，还将带动从材料制备到系统集成全产业链发展。

2017年9月，国家发展改革委、财政部、科技部、工业和信息化部、国家能源局五部门联合发布《关于促进储能技术与产业发展的指导意见》（发改能源〔2017〕1701号），作为我国第一部针对储能的综合性政策文件，对中国储能产业发展具有里程碑意义，明确了储能在我国深入推进能源革命、建设清洁低碳安全高效的现代能源体系中的战略定位，推动中国储能产业健康发展。

延伸阅读——政策要点

1）储能未来10年内分两个阶段推进，第一阶段即“十三五”期间，由研发示范向商业化初期过渡；第二阶段即“十四五”期间，实现商业化初期向规模化发展转变。

2）着眼能源产业全局和长远发展需求，紧密围绕改革创新，以机制突破为重点、以技术创新为基础、以应用示范为手段，大力发展“互联网＋”智慧能源，促进储能技术和产业发展。

3）按照“政府引导，企业参与、创新引领，示范先行、市场主导，改革助推、统筹规划，协调发展”的基本原则，通过加强组织领导、完善政策法规、开展试点示范、建立补偿机制、引导社会投资、推动市场改革等措施，切实推动储能技术与产业的发展。

2.1.3 电力供应和电力消费

（一）电力供应

全国发电装机容量继续扩大，受非化石能源发电快速发展拉动，装机结构清洁化趋势明显。截至2017年底，全国累计装机容量17.8亿kW，同比增长7.7%。新增装机仍以火电为主。2017年底中国发电装机容量、增速及结构如图2-5和图2-6所示。2017年底火电装机规模11.05亿kW，同比上升4.1%，新增装机容量4453万kW。水电装机规模34 359万kW，同比上升3.5%，新增装机容量1287万kW，其中抽水蓄能装机增长明显加快，装机容量2869万kW，同比增长7.5%，新增装机容量200万kW。受政策影响，太阳能发电装机容量持续快速增长，装机容量达到1.29亿kW，同比增长69.6%，新增装机容量5341万kW；风电装机容量达到16 325万kW，同比增长10.7%，新增装机容量1819万kW；核电装机容量达到3582万kW，同比增长6.5%，新增装机容量218万kW。

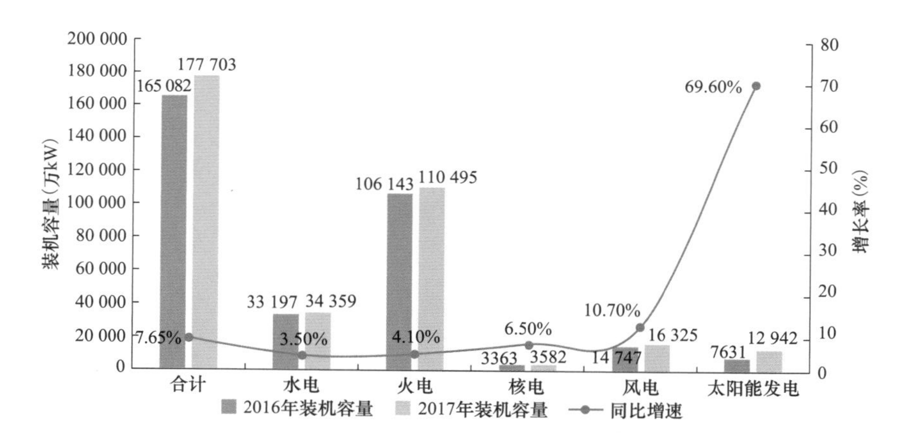

图2-5 2017年底全国分类型发电装机容量及增速

数据来源：中国电力企业联合会，中国电力行业年度发展报告2018。

发电量维持较快增长，火电发电量比重继续下降，非化石能源发电量快速增长。2017年，全国全口径发电量64 171亿kW·h，同比增长6.6%。其中火

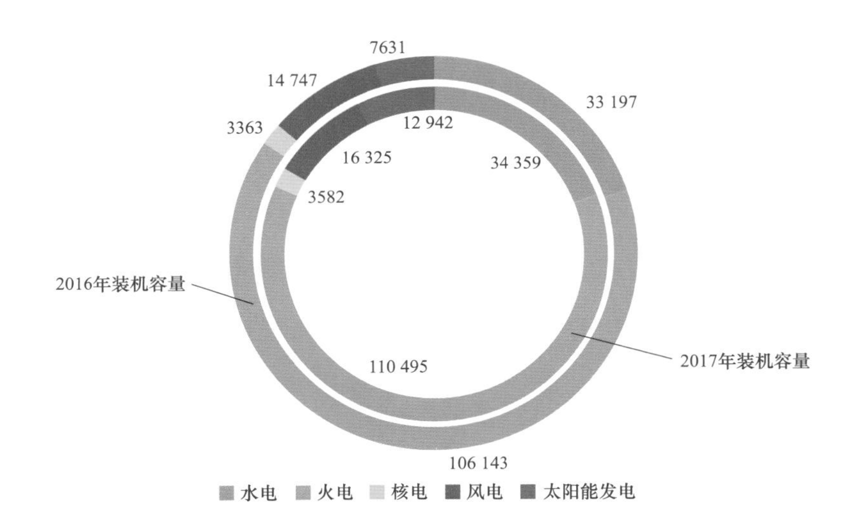

图 2-6　2016 年底和 2017 年底全国不同类型发电装机容量（单位：万 kW）

数据来源：中国电力企业联合会，中国电力行业年度发展报告 2018。

电发电量 45 558 亿 kW·h，占总发电量的 71.0%，比上年下降 0.8 个百分点；水电发电量同比增长 1.6%，占 18.6%，比上年下降 0.9 个百分点；核电、并网风电和并网太阳能发电量分别占 3.9%、4.7%和 1.8%，分别比上年提高 0.4 个、0.7 个、0.9 个百分点，具体如图 2-7 和图 2-8 所示。

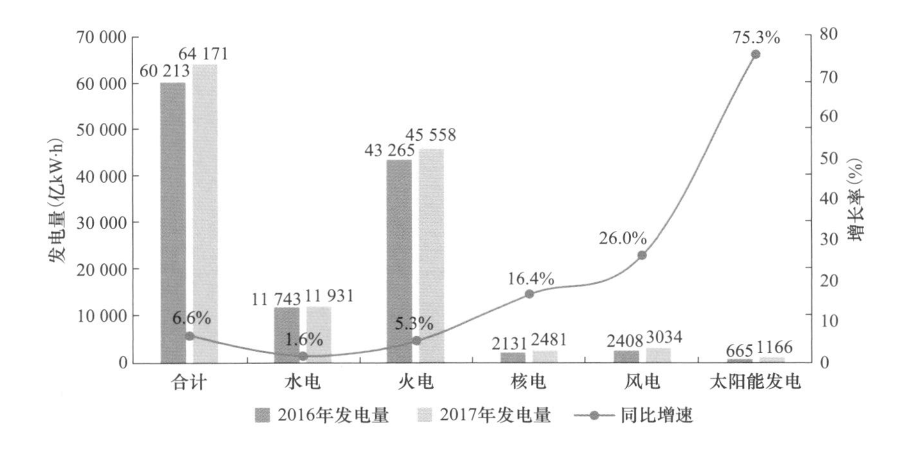

图 2-7　2016—2017 年全国分类型发电量及增速

数据来源：中国电力企业联合会，中国电力行业年度发展报告 2018。

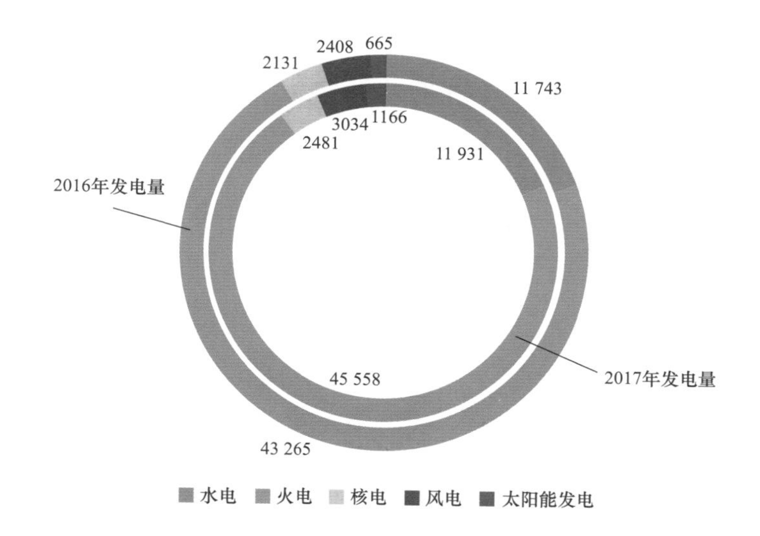

图 2-8 2016 年和 2017 年全国分类型发电量（单位：亿 kW·h）

数据来源：中国电力企业联合会，中国电力行业年度发展报告 2018。

全国发电设备平均利用小时数略有下降，其中水电设备利用小时数有所降低，其他类型发电设备利用小时数均同比增加。2017 年，全国发电设备利用小时数为 3790h，同比下降 7h。其中，水电利用小时数为 3597h，同比降低 22h；火电为 4219h，同比增加 33h；核电为 7089h，同比增加 28h；风电为 1949h，同比增加 204h；太阳能发电为 1205h，同比增加 76h，具体如图 2-9 所示。

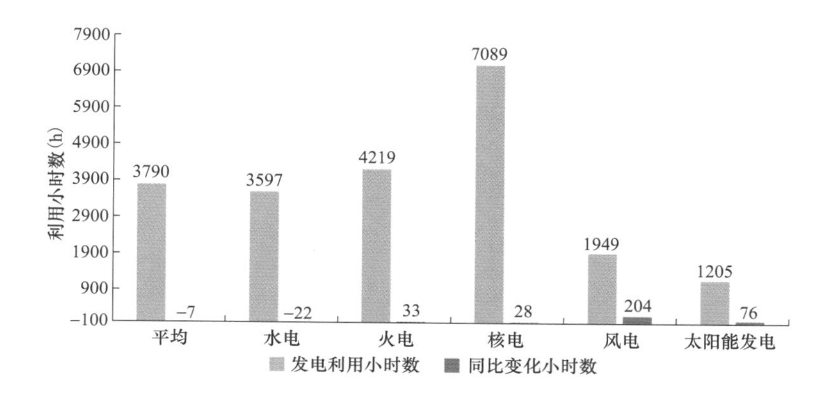

图 2-9 2017 年全国分类型发电设备利用小时数及变化

数据来源：中国电力企业联合会，中国电力行业年度发展报告 2018。

中国可再生能源持续快速发展，消纳形势比上年明显转好。截至 2017 年底，可再生能源发电装机容量达到 6.5 亿 kW，占电源总装机容量的 36.6%，以水电、风电和光伏发电为主。甘肃、宁夏、新疆、青海、内蒙古、河北、黑龙江、吉林、辽宁等 15 个省（区）的非水可再生能源发电装机比重超过全国平均水平（16.5%），甘肃和宁夏高达 40%左右。2017 年，全部可再生能源电力消纳量为 16 686 亿 kW·h，同比增加 10.8%，占全社会用电量的比重为 26.5%，同比上升 1.1 个百分点。2017 年，弃风率同比降低 5.2 个百分点，全国有 15 个省份基本无弃风现象；弃光率同比降低 4.3%，全国有 20 个省份基本无弃光现象。

（二）电力消费

用电量增速继续回暖，用电结构进一步调整，2017 年全国全社会用电量 63 625 亿 kW·h，同比增长 6.6%，增速较上年提高 1.6 个百分点，但仍低于发电装机增速 1.1 个百分点。随着经济结构不断优化，用电结构随之调整，第三产业用电量达 8825 亿 kW·h，同比增长 10.7%，仍然为增长最快的产业。城乡居民生活用电量占全社会用电量的比重达 13.7%，同比增长 0.2 个百分点。2016—2017 年全国各产业和居民生活用电量及增速如图 2-10 所示。

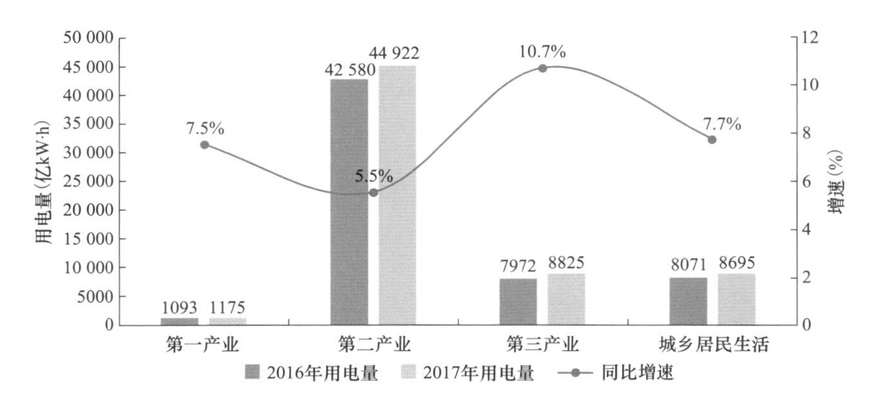

图 2-10　2016—2017 年全国各产业和居民生活用电量及增速

数据来源：中国电力企业联合会，中国电力行业年度发展报告 2018；国家电网公司，2017 年电网发展诊断分析报告。

用电负荷增长较快，电力供需比较宽松。2017 年，全国最大用电负荷（统调口径）为 9.91 亿 kW，同比增长 15.68%。如图 2-11 所示，2017 年，国家电网公司经营区域最大用电负荷增长显著，达 8.28 亿 kW，同比增长 18.42%；南方电网公司经营区域最大用电负荷为 1.63 亿 kW，同比增长 10.54%。

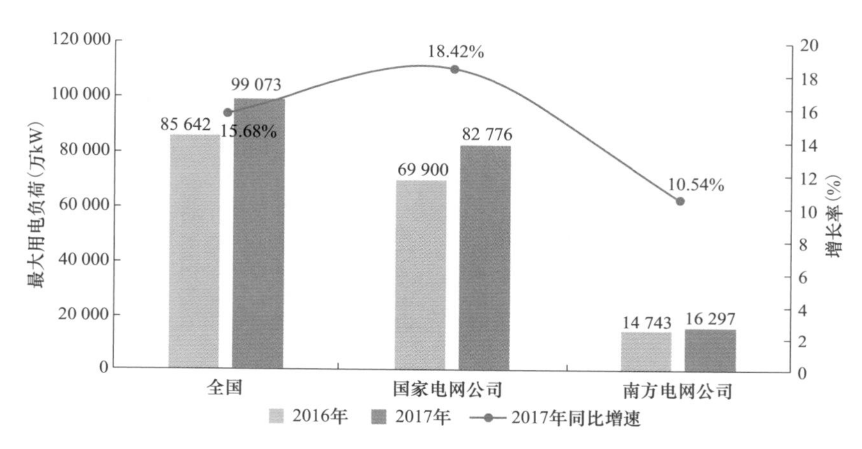

图 2-11　2016—2017 年最大用电负荷及增速

数据来源：中国电力企业联合会，中国电力行业年度发展报告 2018；国家电网公司，2017 年电网发展诊断分析报告。

2.2　电网发展分析

2.2.1　电网投资

（一）总体情况

电力投资和电网投资增速均略有回落，电源投资降幅较大。如图 2-12 所示，2017 年中国电力投资 8014 亿元，同比下降 9.3%，2011—2017 年均增速为 0.9%。

在经济结构调整和电力行业去产能的双重作用下，电源投资连续两年下降，2017 年回落至 2700 亿元，同比下降 20.8%，2011—2017 年均增速为 -6.1%。

2017 年电网投资 5315 亿元，连续三年保持在 5000 亿元以上的水平，但同比降低 2.1%，2011—2017 年均增速为 6.3%。受电力投资整体规模降低影响，电网投资占电力投资的比例由 61.4%上升至 66.3%，比 2016 年上升 4.9 个百分点，连续第四年比例高于电源投资比例。

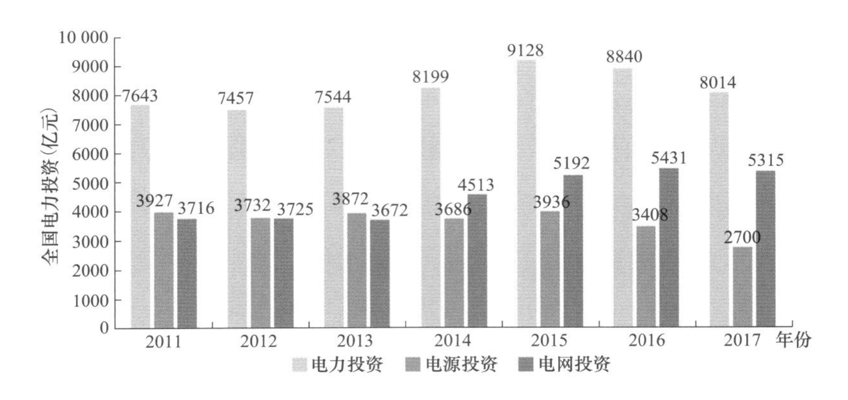

图 2-12　2011—2017 年全国电力投资规模

数据来源：中国电力企业联合会，2017 全国电力工业统计快报；国家电网公司，2017 年电网发展诊断分析报告。

（二）电网投资结构

电网投资继续向配电网、农网倾斜，新一轮农网改造升级取得阶段性重大进展。如图 2-13 所示，2017 年输电网（220kV 及以上）投资 2273 亿元，同比降低 1.4%，为 2014 年以来首次降低；配电网（110kV 及以下）投资 2826 亿元，同比降低 9.4%，为 2013 年以来首次降低。输电网和配电网投资与上年相比均出现下降，配电网投资降幅更大，但配电网投资仍超过输电网。

2017 年，输电网、配电网以及其他投资的结构为 42.8∶53.2∶4，与 2016 年相比，输电网和配电网投资比重差距同比上升了 4.7 个百分点。由于新一轮农网改造升级、世界一流城市配电网建设、小康用电示范县等工程，配电网投资得以连续五年超过输电网。

（三）电网工程造价水平

2017 年变电工程单位造价有所下降，线路工程单位造价出现小幅上涨。

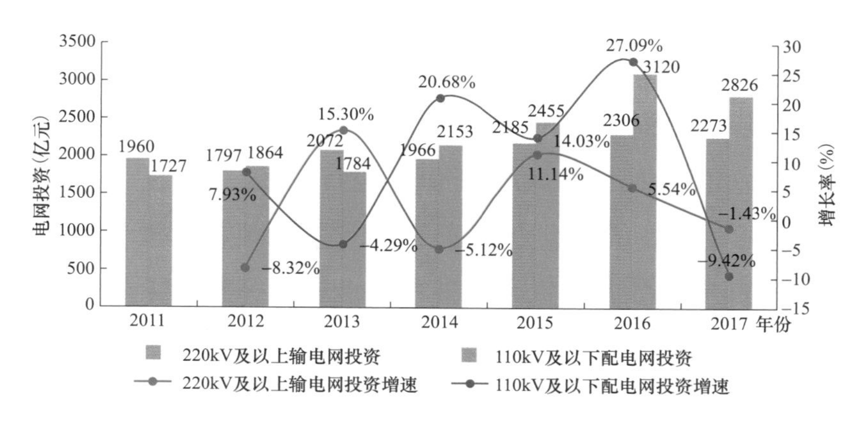

图 2-13　2011—2017 年全国电网投资规模

数据来源：中国电力企业联合会，中国电力行业年度发展报告 2018；国家电网公司，2017 年电网发展诊断分析报告。

（1）变电工程造价水平。

近年来，由于技术进步和主要设备价格的下降，除 750kV 在 2017 年有小幅增长外，其余电压等级变电工程单位容量造价均呈明显的逐年下降趋势。750kV 线路样本少，与工程本身土建造价相关。2012—2017 年，各电压等级的变电工程单位容量造价均下降了 20%左右，其中 500kV 变电工程下降了 29.81%。2017 年，1000、±800、750、500、330、220、110kV 变电工程单位容量造价分别为 281、543、248、113、210、184、240 元/（kV·A）。2011—2017 年中国新建变电工程单位容量造价变化情况如图 2-14 所示。

（2）线路工程造价水平。

由于原材料价格上涨，征地难度上升，结合政策因素和市场供需状况，各电压等级的线路工程单位造价总体呈上升趋势。1000、±800、750、500、330、220、110kV 线路工程单位造价同比增加 4.26%、4.08%、4.68%、4.97%、3.26%、3.90%、3.28%，分别达到 1101、383、246、190、95、80、63 万元/km。2011—2017 年中国新建架空线路工程单位长度造价变化情况如图 2-15 所示。

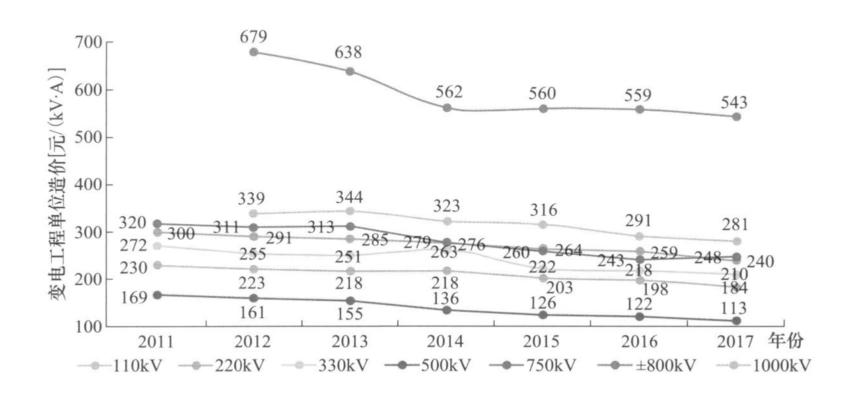

图 2-14　2011—2017 年中国新建变电工程单位容量造价变化情况

数据来源：电力规划设计总院，中国电力发展报告 2017；国家电网公司，输变电工程造价分析（2017 年版）。

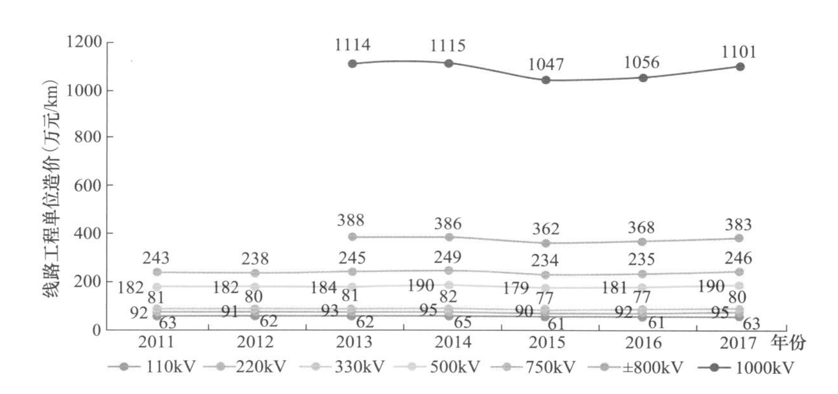

图 2-15　2011—2017 年中国新建架空线路工程单位长度造价变化情况

数据来源：电力规划设计总院，中国电力发展报告 2017；国家电网公司，输变电工程造价分析（2017 年版）。

2.2.2　电网规模

（一）总体情况

中国输电线路长度保持平稳增长，特高压交直流增速较快。截至 2017 年底，中国 220kV 及以上输电线路达 68.8 万 km，同比增长 6.5%，与“十二五”期间平均增速基本持平。2017 年，特高压直流输电线路建成投运规模较多，同比增长 67.8%，增速同比上升 51.6 个百分点。特高压交流线路增长 30%，增速比上年明显放缓，仍高于其他电压等级的输电线路增速。220kV 电压等级输电线路新增规模最大，超过 2 万 km。中国 220kV 及以上输电线路长度见表 2-1。

表 2-1　　中国 220kV 及以上输电线路长度

类别	输电线路长度（km）			增速（%）		
	2016 年	2017 年	2017 年新增	"十二五"平均	2016 年	2017 年
合计	645 609	687 786	42 177	6.4	6.25	6.53
直流	28 808	37 147	8339	14.8	13.29	28.95
其中：±800kV	12 295	20 634	8339	33.5	16.21	67.82
±660kV	1334	1334	0	0	0	0.00
±500kV	13 539	13 539	0	7.7	14.04	0.00
±400kV	1640	1640	0	11.8	0.01	0.00
交流	616 801	650 639	33 838	6.0	5.94	5.49
其中：1000kV	7245	9409	2165	48.6	132.64	29.88
750kV	18 266	19 369	1103	11.9	16.60	6.04
500kV	165 875	172 368	6493	4.7	4.99	3.91
330kV	28 366	30 857	2492	4.8	5.80	8.78
220kV	397 050	418 636	21 586	6.4	4.86	5.44

数据来源：中国电力企业联合会，中国电力行业年度发展报告 2018；国家电网公司，2017 年电网发展诊断分析报告。

中国变电设备容量增长与输电线路增长趋势相一致。截至 2017 年底，中国 220kV 及以上变电设备容量达 37.3 亿 kV·A，同比增长 7.9%，与"十二五"期间平均增速基本持平。特高压直流换流容量增速最快，达到 74.6%；特高压交流变电容量增速放缓，为 24.2%；其他电压等级变电容量增速相对平稳。中国 220kV 及以上电网变电（换流）容量见表 2-2。

表 2-2　　中国 220kV 及以上电网变电（换流）容量

类别	电网变电（换流）容量（万 kV·A）			增速（%）		
	2016 年	2017 年	2017 年新增	"十二五"平均	2016 年	2017 年
合计	345 970	373 331	27 361	8.1	9.69	7.91
交流	323 521	347 001	23 480	7.6	8.92	7.26
其中：1000kV	9900	12 300	2400	33.4	73.68	24.24
750kV	13 570	15 110	1540	19.5	25.07	11.35
500kV	116 501	123 532	7031	8.9	9.02	6.04
330kV	9766	10 549	783	6.0	4.29	8.02
220kV	173 784	185 509	11 726	5.8	5.80	6.75
直流	22 449	26 330	3881	17.3	22.12	17.29
其中：±800kV	4882	8524	3642	4.5	53.53	74.59
±500kV	17 567	17 806	239	26.1	15.55	1.36

数据来源：中国电力企业联合会，中国电力行业年度发展报告 2018；国家电网公司，2017 年电网发展诊断分析报告。

（二）网荷协调性

电网发展与用电负荷需求增长总体协调。2017 年，国家电网经营区 10kV 及以上线路长度、变电容量、接入装机容量和最高用电负荷增速与 2016 年增速基本相当，分别为 5%、7.7%、8.7%和 8.4%；2017 年售电量增速较快，增长 8.3%。2016—2017 年国家电网区域内电网和负荷增速情况如图 2-16 所示。

2017 年，国家电网经营区各省级电网 10kV 以上变电容量增速与用电负荷增速之差可以分为四个梯次（小于-5%，大于-5%且小于 0，大于 0 且小于 5%，大于 5%）[1]。第一梯次：冀北、蒙东、四川、上海 4 个省级电网变电容量增速较负荷增速超出 5 个百分点以上；第二梯次：北京、山东、黑龙江、甘肃、青海 5 个省级电网变电容量增速略高于负荷增速；第三梯次：天津、江苏、浙

[1] 受限于数据来源，广东、广西、贵州、云南、海南、蒙西等省级电网没有分析。

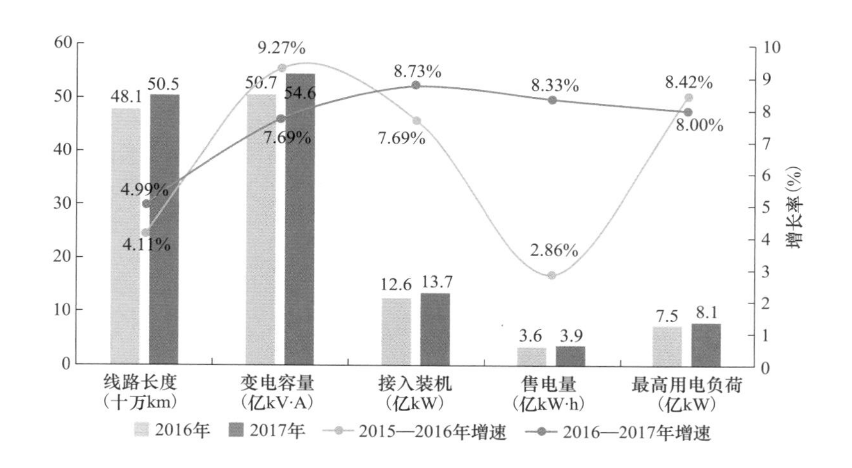

图 2-16 2016—2017 年国家电网区域内电网和负荷增速情况

数据来源：国家电网公司，2017 年电网发展诊断分析报告。

江、福建、河南、重庆、吉林、宁夏、新疆 9 个省级电网变电容量增速略低于负荷增速；第四梯次：河北、山西、安徽、湖北、湖南、江西、辽宁、陕西、西藏 9 个省级电网负荷增速较变电容量增速超出 5 个百分点以上。

（三）网源协调性

2016—2017 年，全国 220kV 及以上电网线路长度、变电容量增速及发电量和装机容量变化情况如图 2-17 所示。2017 年 220kV 及以上电网变电容量与装机容量比为 2.1，全国 220kV 及以上电网线路长度增速为 6.53%，变电容量增速为 7.91%。新增规模对应的变电容量与装机容量比为 2.16。

750kV 电网与电源发展不协调。750kV 主网架基本形成，但配套电源建设滞后，接入规模增加缓慢。2017 年 750kV 电网变电容量与装机容量比达到 5.93，较 2016 年有所降低，网源发展不协调趋势有所缓解，但接入 750kV 电网的电源装机容量仍偏低，750kV 电网汇集电源和跨区输电能力有待进一步提升。

（四）电网智能化

实施信息通信创新发展行动计划。开展重点领域创新应用、基础平台优化提升和基层单位创新试点 3 大类 74 项重点工作，信息系统运行率达到

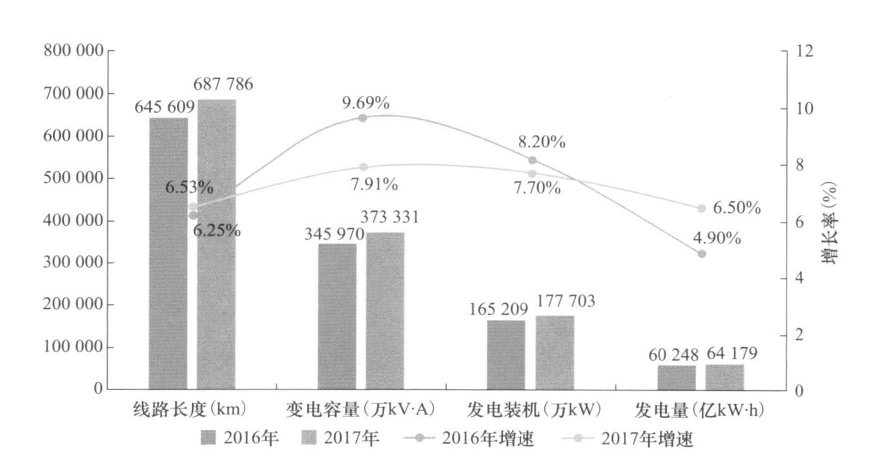

图 2-17　2016—2017 年 220kV 及以上电网和电源增速情况

数据来源：中国电力企业联合会，2017 全国电力工业统计快报；国家电网公司，2017 年电网发展诊断分析报告。

99.95%，通信设备运行率达到 99.99%以上；运维效率提升 40%。实现同期线损在线监测台区 383.3 万个，监测率 92.47%，较年初提升 11.99%。完成 1.3 万 km 光缆架设和 4397 座变电站、供电所（营业厅）站内设备安装调试。有序推进直升机、无人机、人工协同巡检，直升机累计巡航 17.1 万 km，发现缺陷 1.7 万处。

推进智能电能表应用。2017 年，国家电网公司新装智能电能表 3748.7 万只，累计实现用户采集 4.47 亿户，采集覆盖率达到 99.03%，电水气热“多表合一”信息采集累计接入 167 万户，累计覆盖 330 万户。2017 年，南方电网公司积极推广智能电表和低压集抄全覆盖，智能电表覆盖率达到 93%，低压集抄覆盖率达 73%，在海南、广州、深圳实现智能电表和低压集抄全覆盖。

深化“大云物移智”应用。国家电网公司通过“掌上电力”手机 APP 拓展在线办电功能，推出上门预约服务，“电 e 宝”推出电费扫码支付和跨行业积分互兑功能，电子账单全年线上订阅用户量逐步提升，有效降低服务成本。2017 年“电 e 宝”智能交费功能注册用户突破 2 亿，交易规模达 603 亿元。南方电网公司优化整合省级网上营业厅和微信公众号，上线“南方电网95598”微信服务小程序，打造互联网统一服务平台，平台注册用户突破1300万人。

2.2.3 网架结构

（一）国内电网网架形态概述

目前，除台湾省外，中国电网基本实现了全国电网互联。

预计到2018年底，渝鄂±420kV背靠背柔性直流输电工程投运后，西南电网与华中电网将由同步联网转为背靠背异步互联。藏中联网工程投运后，西藏藏中和昌都电网将实现互联，西藏除阿里电网外将通过川藏联网工程并入西南同步电网，通过±400kV柴拉直流（柴达木—拉萨）与西北电网实现异步联网。

届时，全国将形成华北—华中、华东、东北、西北、西南、南方、云南7个区域或省级同步电网，相互之间通过直流异步互联，如图2-18所示。

华北电网与华中电网通过长治—南阳—荆门1000kV特高压交流工程形成同步电网；华北电网与华东电网通过雁淮直流（雁门关—淮安）±800kV特高压直流、锡泰直流（锡盟—泰州）±800kV特高压直流异步互联；华北电网与东北电网通过±800kV鲁固直流（扎鲁特—广固）和高岭背靠背工程实现异步互联；华中电网和华东电网通过葛洲坝—南桥、龙泉—政平、宜都—华新、团林—枫泾±500kV直流实现异步联网；西北电网与华中电网通过灵宝背靠背工程、±800kV天中直流（天山—中州）、祁韶直流（祁连—韶山）实现异步联网，与华北电网通过±660kV银东直流（银川东—胶东）、±800kV昭沂直流（伊克昭—沂南）异步联网；西北电网和西南电网通过±500kV德阳—宝鸡直流，±400kV柴拉直流（柴达木—拉萨）实现异步联网；西南电网与华中电网通过±420kV渝鄂背靠背柔直实现异步联网；西南电网与华东电网通过±800kV复奉直流（复龙—奉贤）、锦苏直流（锦屏—苏州）、宾金直流（宜宾—金华）异步联网；华中电网与南方电网通过±500kV江城直流（江陵—鹅城）实现异

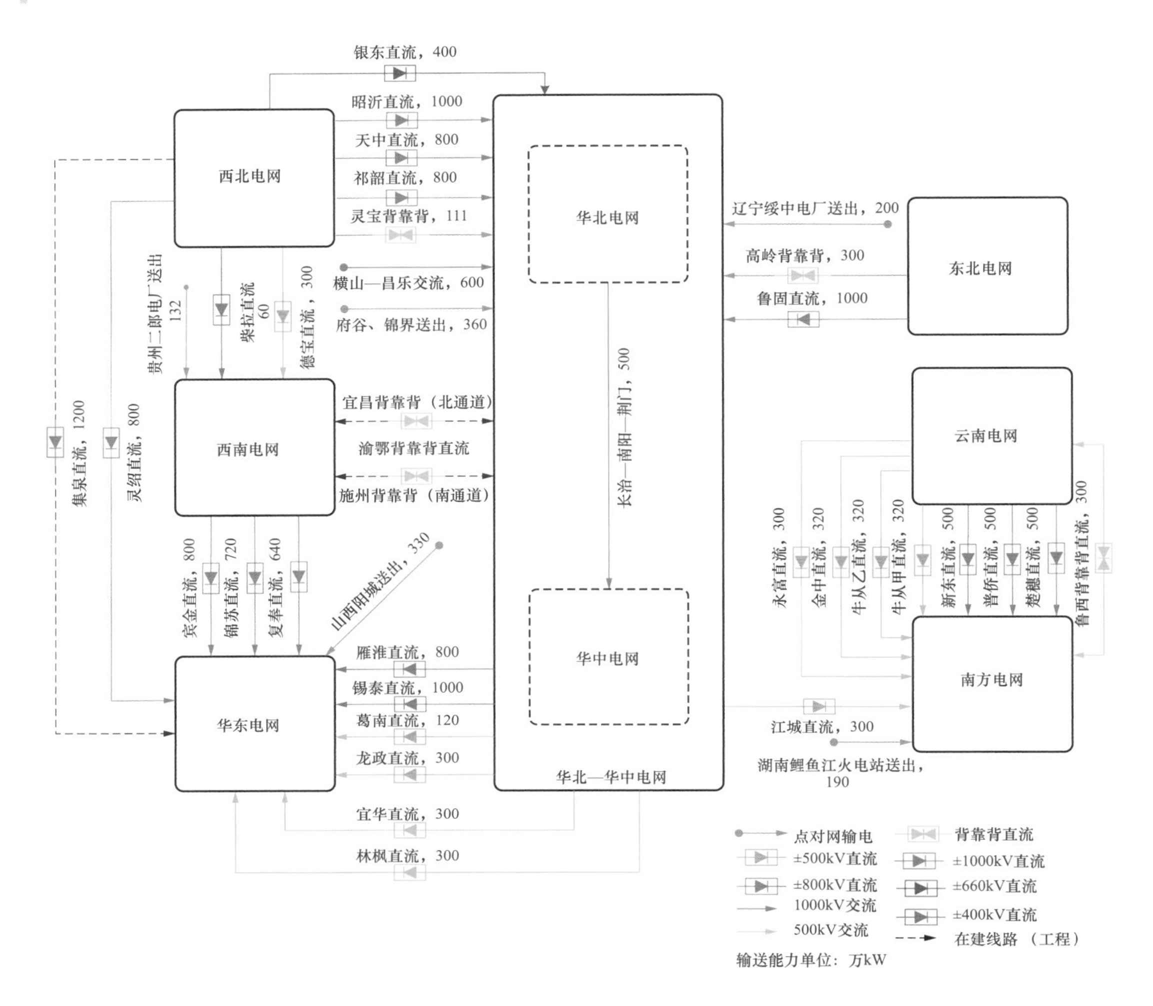

图 2-18　中国七个区域或省级同步电网互联示意图

注：蒙西电网与华北电网统一调度，在图中未区分体现。

步联网。

（二）国内特高压网架形态

截至2018年8月，中国在运特高压线路达到“八交十三直”。其中，国家电网经营区“八交十直”，南方电网经营区“三直”，如表2-3所示。

特高压直流电网：起点于北部地区的“七纵”特高压直流，起点于西南地区的“六横”特高压直流，落点于中东部地区，构成“七纵六横”特高压直流电网格局。

特高压交流电网：目前形成中部“一线”、东部“一环”、东北部“一簇”三部分构成的电网格局，未来三部分将不断扩展演变构成更大规模、不断互联的特高压电网格局。

表 2-3　　已投运的特高压工程（截至 2018 年 8 月）

序号	电压等级及性质	工程起落点	开工日期	投运日期	类别
1	1000kV 特高压交流	长治一南阳一荆门	2006 年 8 月	2009 年 1 月	交流
2	1000kV 特高压交流	淮南一芜湖一安吉一练塘	2011 年 10 月	2013 年 9 月	
3	1000kV 特高压交流	安吉一兰江一莲都一榕城	2013 年 4 月	2014 年 12 月	
4	1000kV 特高压交流	锡盟一廊坊一海河一泉城	2014 年 11 月	2016 年 7 月	
5	1000kV 特高压交流	淮南一盱眙一泰州一东吴一练塘	2014 年 11 月	2016 年 11 月	
6	1000kV 特高压交流	鄂尔多斯一北岳一保定一海河	2015 年 3 月	2016 年 11 月	
7	1000kV 特高压交流	锡盟一胜利	2016 年 4 月	2017 年 7 月	
8	1000kV 特高压交流	横山一洪善一邢台一泉城一昌乐	2015 年 5 月	2017 年 8 月	
9	±800kV 特高压直流	云南一广州	2006 年 12 月	2010 年 6 月	直流
10	±800kV 特高压直流	复龙一奉贤	2008 年 12 月	2010 年 7 月	
11	±800kV 特高压直流	锦屏一苏州	2009 年 12 月	2012 年 12 月	
12	±800kV 特高压直流	云南普洱一广东江门	2011 年 12 月	2013 年 9 月	
13	±800kV 特高压直流	天山一中州	2012 年 5 月	2014 年 1 月	
14	±800kV 特高压直流	宜宾一金华	2012 年 7 月	2014 年 7 月	
15	±800kV 特高压直流	灵州一绍兴	2014 年 11 月	2016 年 8 月	
16	±800kV 特高压直流	祁连一韶山	2015 年 6 月	2017 年 6 月	
17	±800kV 特高压直流	雁门关一淮安	2015 年 6 月	2017 年 6 月	
18	±800kV 特高压直流	锡盟一泰州	2015 年 12 月	2017 年 9 月	
19	±800kV 特高压直流	扎鲁特一广固	2016 年 8 月	2017 年 12 月	
20	±800kV 特高压直流	伊克昭一沂南	2015 年 12 月	2017 年 12 月	
21	±800kV 特高压直流	滇西北一广东	2016 年 4 月	2018 年 5 月	

延伸阅读——2017 年以来投运特高压工程概况

1）锡盟—胜利 1000kV 特高压交流：

2017 年 7 月，1000kV 胜锡Ⅰ线在胜利 1000kV 变电站合环运行，标志着锡盟—胜利 1000kV 交流输变电工程正式投入运行。新建胜利 1000kV 变电站，扩建锡盟 1000kV 变电站，新增变电容量 600 万 kV·A，输电线路全长 2×240km。

该工程是特高压骨干网架的重要组成部分。工程投运对提高内蒙古煤电外送能力、满足京津冀鲁地区电力负荷增长需要、改善区域性大气环境质量，具有重要意义。

2）横山—洪善—邢台—泉城—昌乐 1000kV 特高压交流：

2017 年 8 月，横山—昌乐 1000kV 特高压交流输变电工程正式投入运行，标志着列入国家大气污染防治行动计划重点输电通道的“四交”特高压工程建设任务全部圆满完成。自西向东横穿陕西、山西、河北和山东四省，两次跨越黄河，是迄今为止建设规模最大、输电距离最长的特高压交流工程。新建晋中、石家庄、昌乐变电站和榆横开关站，扩建泉城变电站，新增变电容量 1500 万 kV·A；线路全长 2×1050km，两次跨越黄河。

该工程充分发挥特高压输电大容量、远距离、多落点以及网络功能优势，对提高陕西和山西电力外送能力、满足河北和山东电网的负荷增长需求、加强对特高压直流工程的电网支撑作用、改善华北地区生态环境质量具有重要意义。

3）祁韶直流（祁连—韶山）±800kV 特高压直流：

2017 年 6 月，祁韶直流（祁连—韶山）±800kV 输电工程正式投运。该工程途经甘肃、陕西、重庆、湖北、湖南 5 省（市），建设桥湾、湘潭 2 座换流站，每个换流站的容量为 800 万 kW，总共 1600 万 kW，线路全长 2383km。

工程重点服务风电、太阳能发电等新能源送出的跨区输电通道，全面采用中国自主开发的特高压直流输电技术和装备。工程投运后，将有力促进甘肃能源基地开发与外送，缓解华中地区电力供需矛盾，有力拉动经济增长、扩大就业、增加税收，推动华中地区大气污染防治。

4）雁淮直流（雁门关—淮安）±800kV 特高压直流：

2017 年 6 月，雁淮直流（雁门关—淮安）±800kV 特高压直流输电工程正式投运。该工程途经山西、河北、河南、山东、安徽、江苏 6 省，换流容量 800 万 kW，线路全长 1119km。

该工程是国家大气污染防治行动计划“四交四直”工程之一，也是“西电东送、北电南供”的重要工程，肩负着山西煤电、风电开发与联合外送使命，对促进山西能源基地开发与能源外送，扩大新能源消纳范围，满足华东地区用电需求以及加快能源结构调整、增加清洁能源供应、缓解环保压力具有重要意义。

5）锡泰直流（锡盟—泰州）±800kV 特高压直流：

2017 年 9 月，锡泰直流（锡盟—泰州）±800kV 特高压直流输电工程全面建成投产。此工程途经内蒙古、河北、天津、山东、江苏 5 省（区、市），新建锡盟、泰州 2 座±800kV 换流站，线路 1641km，输电能力 1000 万 kW，总投资 264 亿元。

锡泰直流工程是国家大气污染防治行动计划的重要组成部分，是世界上首个额定容量达到 1000 万 kW、受端分层接入 500/1000kV 交流电网的±800kV 特高压直流工程。

锡泰直流的投运对推动锡盟能源基地电力大规模外送、提高资源开发容量、促进锡盟经济增长、缓解江苏“十三五”供需矛盾、满足受端江苏地区经济及负荷快速增长具有重要意义。

6）鲁固直流（扎鲁特—广固）±800kV 特高压直流：

2017 年 12 月，鲁固直流（扎鲁特—广固）±800kV 特高压直流工程正式投入运行。该工程起点位于内蒙古通辽市，终点位于山东潍坊市，途经内蒙古、河北、天津、山东 4 省（区、市），新建扎鲁特、青州 2 座换流站，换流容量 2000 万 kW，线路全长 1234km，送端换流站接入 500kV 交流电网，受端换流站分层接入 500/1000kV 交流电网。

该工程是落实中央全面振兴东北老工业基地战略部署，推动东北电力协调发展的重大工程，是中国额定输送容量 1000 万 kW、受端分层接入的±800kV 特高压直流工程标准化示范和样板，达到特高压直流设计和制造最高水平，工程对能源资源在全国范围内的优化配置、保障国家能源安全、推动清洁发展、加快结构调整、拉动经济增长具有重大作用。

7）昭沂直流（伊克昭—沂南）±800kV 特高压直流：

2017 年 12 月，昭沂直流（伊克昭—沂南）±800kV 特高压直流工程正式建成。该工程起于内蒙古上海庙，落点山东临沂，途经内蒙古、陕西、山西、河北、河南、山东 6 省（区），新建上海庙、临沂 2 座换流站，换流容量 2000 万 kW，线路全长 1238km。该工程投运后，每年可向山东送电约 550 亿 kW•h，减少燃煤运输 2520 万 t，减排烟尘 2 万 t、二氧化硫 12.4 万 t、氮氧化物 13.1 万 t、二氧化碳 4950 万 t。

该工程的建设有助于促进内蒙古上海庙周边可再生能源外送，提高西北地区煤炭基地电力外送能力，缓解山东省能源供需矛盾和大气污染防治压力，满足山东省电力需求及经济发展需要。

8）滇西北—广东±800kV 特高压直流：

2018 年 5 月 18 日，滇西北送电广东±800kV 特高压直流工程全面投运。该工程是国家大气污染防治行动计划 12 条重点输电通道之一，工程西起云南省大理州剑川县，东至广东省深圳市宝安区，线路全长1959km，送电能力500万kW。

该工程的建设有助于提高西部澜沧江上游电能的外送能力，同时也可缓解珠三角地区的环境污染问题，有力促进转变经济发展方式，推进低碳经济发展。

截至2018年8月，中国在建的特高压重点工程涉及3项特高压交流、1项特高压直流工程，具体见表2-4。

表2-4　截至2018年8月在建的特高压交直流工程

序号	电压等级及性质	工程起落点	开工日期	建设长度
1	1000kV特高压交流	苏通GIL综合管廊	2016年8月	6×5.5km
2	1000kV特高压交流	北京西—石家庄	2018年4月	2×228km
3	1000kV特高压交流	潍坊—临沂—枣庄—菏泽—石家庄	2018年5月	2×823km
4	±1100kV特高压直流	吉泉直流（昌吉—古泉）	2016年1月	1238km

特高压电网格局展望：预计2019年，国家电网1000kV苏通GIL综合管廊工程、1000kV北京西—石家庄特高压交流工程、1000kV潍坊—临沂—枣庄—菏泽—石家庄特高压交流工程、±1100kV吉泉直流（昌吉—古泉）特高压直流工程共“三交一直”将投入运行，届时全国将形成“十一交十四直”的特高压电网格局。

延伸阅读——2018年在建的特高压工程概况

1）苏通GIL综合管廊（1000kV特高压交流）：

2016年8月16日，淮南—盱眙—泰州—东吴—练塘1000kV特高压交流输变电工程苏通GIL综合管廊工程（简称“苏通GIL综合管廊工程”）开工。该工程是华东特高压交流环网合环运行的咽喉要道和控制性工程，起于北岸（南通）引接站，止于南岸（苏州）引接站，隧道长 5530.5m，盾构直径 12.1m，是穿越长江大直径、长距离过江隧道之一。计划于 2019 年建成投运。2018 年 8 月 21 日，苏通 GIL 综合管廊工程长江南北两岸隧道正式贯通。

工程建成后，淮南—盱眙—泰州—东吴—练塘特高压交流输变电工程与已建成的皖电东送淮南—芜湖—安吉—练塘特高压交流输电工程一起，形成贯穿安徽、江苏、浙江、上海的华东特高压交流双环网，有利于提高华东电网区内电力交换能力、接受区外来电能力和系统安全稳定水平，对缓解大气污染、促进经济社会可持续发展具有重要意义。

2）北京西—石家庄（1000kV 特高压交流）：

2018 年 4 月，北京西—石家庄 1000kV 特高压交流输变电工程正式开工。该工程新建 1000kV 双回线路 2×228km，在北京西、石家庄特高压变电站各扩建 2 个 1000kV 出线间隔；工程动态投资 34.7 亿元。

该工程作为华北特高压交流主网架的重要组成部分，对于提高鄂尔多斯—北岳—保定—海河和横山—洪善—邢台—泉城—昌乐两个特高压交流通道送电能力及可靠性，提升京津冀及华北电网安全稳定水平，缓解河北南部地区用电紧张局面，满足雄安新区用电负荷增长需要，促进张家口可再生能源示范区风电、太阳能发电等清洁能源大规模开发利用，均具有十分重要的意义。

3）潍坊—临沂—枣庄—菏泽—石家庄（1000kV 特高压交流）：

2018 年 5 月，潍坊—临沂—枣庄—菏泽—石家庄 1000kV 特高压交流输变电工程正式开工。该工程主要建设内容是新建 1000kV 枣庄变电站、新建 1000kV 菏泽变电站、扩建 1000kV 济南变电站、扩建 1000kV 潍坊变电站、扩建 1000kV 石家庄变电站，新建 1000kV 潍坊—临沂—枣庄—菏泽—石家庄双回输电线路。

该工程旨在构建受端特高压交流环网，满足上海庙—临沂等特高压直流分层接入系统的需要，加强山东及华北特高压交流网架结构，提高山东电网接受外来电能力和系统安全稳定水平。

4）昌吉—古泉（±1100kV特高压直流）：

2016年1月11日，吉泉直流（昌吉—古泉）±1100kV特高压直流输电工程开工。该工程起点位于新疆昌吉自治州，终点位于安徽宣城市，途经新疆、甘肃、宁夏、陕西、河南、安徽6省（区），新建准东、皖南2座换流站，换流容量2400万kW，线路全长3324km，送端换流站接入750kV交流电网，受端换流站分层接入500/1000kV交流电网。计划2018年建成投运。

该工程是目前世界上电压等级最高、输送容量最大、输送距离最远、技术水平最先进的特高压输电工程，是国家电网公司在特高压输电领域持续创新的重要里程碑。

（三）国内区域电网网架形态

（1）华北电网。

2017年以来，华北电网网架总体变化情况如下：

一是建设和完善电源送出工程，满足电源送出要求。建设北疆电厂二期500kV送出工程，满足北疆电厂二期2×1000MW机组并网需求。建设山西北部电网500kV完善工程及神头二电厂3、4号机组送出工程，解决了神头二电厂500kV母线短路电流超标问题，降低了神头二电厂母线在系统中的枢纽地位，使厂网界限清晰，提供电网运行的安全可靠性，保证晋北交流特高压通道的安全稳定运行和电力的可靠供应。建设山西大同新荣500kV输变电工程，满足大同光伏基地光伏发电送出，加强了大同电网与山西主网的联系。通过沂南500kV输变电工程，在临沂北部片区形成电源外送通道。通过潍坊青州换流站配套500kV送出工程，在潍坊淄博片区形成电源外送通道。潍坊1000kV特高压站500kV送出工程，在潍坊中部形成电源输送通道。山东枣临日500kV电网加强工程，在临沂北部片区形成电源输送通道。通过枣庄一金乡500kV线路等工程，增加济宁向山东南部枣临日片区输电通道。通过承德东一阳乐500kV输变电工程，形成唐承秦“三横三纵”网架结构中的东纵通道。

二是通过特高压配套电网工程，满足负荷增长需求。依托鲁固直流、雁淮直流、昭沂直流工程，建设北京房山一天津南蔡500kV输变电工程，提高京津及冀北电网“西电东送”输电能力，强化主干网架，解决天津市武清、北辰和宝坻区“煤改电”负荷需求。通过北京东特高压站一通州线路工程，北京东部形成500kV电网与特高压变电站之间的第二条受电通道。通过石家庄（邢台）特高压配套工程，形成河北南网第二个特高压落点。通过山西雁淮直流特高压500kV送出工程，山西朔州平鲁一五寨第三回500kV线路工程，朔州平鲁一晋北直流换流站第四回500kV线路工程，加强晋北直流与山西主网联网。

延伸阅读——华北电网部分重点工程

1）潍坊特高压站500kV送出工程：

潍坊特高压站500kV送出工程包括潍坊特高压站扩建工程、密州500kV变电站扩建工程、琅琊500kV变电站扩建工程、新建潍坊特高压站一益都/潍坊500kV双回线路工程、新建潍坊特高压站一临朐500kV双回线路工程、新建潍坊1000kV特高压站一密州500kV双回线路工程及新建密州一琅琊Ⅱ回500kV线路工程，共七项子工程。

该工程旨在满足潍坊特高压站电力送出的需要，同时满足山东电网尤其是潍坊、青岛等地区负荷增长的需要，从而进一步优化和完善山东电网主网架，提高山东电网的受电能力、输送能力和供电能力。

2）北京房山一天津南蔡500kV输变电工程：

北京房山—天津南蔡500kV输变电工程西起北京房山500kV变电站，途径北京市房山区和大兴区、河北省廊坊市、天津市武清区，东至天津南蔡500kV变电站。其中天津段全部位于武清区境内，新建线路长度约25km，涉及大王古、白古屯、大孟庄、大良、南蔡村等5个乡镇。

该工程是提高京津及冀北电网“西电东送”输电能力、强化主干网架的重点工程。建成后将为北京第二机场提供电源，同时为南蔡500kV变电站提供第二路电源，解决天津市武清、北辰和宝坻区“煤改电”的负荷需求。

（2）东北电网。

2017年以来，东北电网网架总体变化情况如下：

通过在各省（区）加强网架配套工程建设，增加外送通道，提高供电可靠性。

在辽宁，建设本溪南（程家）—渤海—北宁输变电工程，形成辽宁中部内层双环网唐家变电站至王石变电站第二回线路；建设辽宁宽邦500kV输变电工程，形成辽西电网西部环网利州变电站至宽邦变电站双回线路和宽邦变电站至高岭换流站双回线路；建设科尔沁—阜新500kV输变电工程（辽宁段），新增辽西与通辽省间联络通道，形成了科尔沁变电站至阜新双回线路；建设辽宁红沿河核电厂二期500kV送出工程，形成了红沿河核电厂至南关岭变电站第二回线路；建设张台500kV输变电工程，形成了辽宁中部内层双环网唐家变电站至张台变电站第二回线路。

在吉林，建设吉林向阳、长岭、白城昌盛500kV输变电工程，以及扎鲁特至吉林配套500kV输变电工程，构成了松白地区电力外送第二通道；同时，建设吉林南500kV输电变工程，兼顾丰满水电站新建机组电力送出需要。解决松白地区电力外送瓶颈，并为吉蒙省间断面解环创造条件，不断加强吉林省西部主网架结构，进一步提高电网运行的可靠性。

在黑龙江，建设冯屯—齐南—庆南—五家—哈尔滨 500kV 输变电工程、伦贝尔岭东—冯屯 500kV 线路工程（黑龙江部分）以及齐南—兴安 500kV 输变电工程，增加电力外送通道。

在蒙东，建设内蒙古扎鲁特换流站—科尔沁变电站 500kV 输变电工程，形成了扎鲁特与通辽主网的联接；建设扎鲁特—吉林 500kV 输变电工程，新增蒙东与吉林断面 4 回 500kV 线路；建设内蒙古兴安—扎鲁特换流站 500kV 输变电工程，形成了兴安与通辽的联网；建设冯屯—岭东 2 回线路工程（内蒙古段），形成了呼伦贝尔形成第二外送通道；建设齐南—兴安 2 回线路工程（内蒙古段），加强了黑龙江与蒙东主网的联络；建设科尔沁—阜新 2 回线路工程（内蒙古段），加强了通辽—辽宁断面；建设通辽奈曼 500kV 输变电工程，延伸了通辽 500kV 网架。

延伸阅读——东北电网部分重点工程

1）辽宁红沿河核电厂一/二期 500kV 送出工程：

2017 年 9 月 19 日，红沿河核电站 500kV 送出二期工程（红沿河—南关岭 500kV 线路工程）提前实现全线贯通。

2017 年，红沿河核电实现上网电量 218.6 亿 kW·h，较上一年度同期增长 23.6%，约占大连市全年社会用电量的 65%。一期工程 4 台机组继续保持安全稳定运行的良好态势，二期工程 2 台机组全面进入设备安装阶段。

红沿河核电一期工程是我国东北地区首个核电项目以及最大的能源投资项目，对促进东北老工业基地振兴、调整东北地区能源结构、促进绿色低碳发展和我国核电装备制造业及核电产业链发展、培养核电人才等诸多方面均具有积极作用和深远意义。红沿河核电站 500kV 送出二期工程为辽宁红沿河核电项目的重要配套工程，是满足清洁能源送出、助推东北经济振兴的重点工程。工程对落实国家能源战略布局，整治大气污染，优化辽宁电网结构，提升供电可靠性，满足负荷发展需要具有重要意义。

2）辽宁宽邦500kV输变电工程：

2018年6月8日，辽宁宽邦500kV输变电工程顺利投运。该工程变电部分位于辽宁省葫芦岛市绥中县高台镇，新建500kV开关站1座，500kV出线4回，利州500kV变电站、高岭背靠背换流站分别扩建间隔2个；远期为新建4台100MV·A主变压器，500kV出线10回，220kV出线16回，为无人值班智能变电站。输电工程为新建利州—宽邦500kV线路121km，宽邦—高岭换流站500kV线路34.5km，其中葫芦岛区域内线路122.68km。

该工程的顺利投运，是辽宁电网的一项里程碑式工作。继2017年辽宁中部双环网基本建成后，辽西地区500kV双环网正式建成。该工程进一步加强了辽宁500kV主干网架，形成了东北电网向高岭第二个输电通道，对优化辽宁电网网架结构、提升供电可靠性、满足辽宁省西部地区负荷发展和东北电力外送华北的需要至关重要，是当前东北发电装机严重过剩、需求增长缓慢、电力供需形势严峻困境下，对满足清洁能源送出、助推东北经济振兴的重点工程。

3）吉林长岭500kV输变电工程：

吉林长岭500kV输变电工程于2017年12月末竣工。该工程作为鲁固直流（扎鲁特—广固）的配套组成部分，途经四平地区公主岭市，白城地区洮北区、洮南市、通榆县，松原地区乾安县、前郭县、长岭县，变电容量100万kV·A，线路长度282km，可满足松原市100万kW清洁能源送出需要。

该工程为满足长岭县及周边地区风电送出的需要起到枢纽功能，是松白地区电力外送的第二通道，解决松白地区电力外送“卡脖子”现象，并为吉蒙省间断面解环创造条件，不断加强吉林省西部主网架结构，进一步提高电网运行的可靠性。

（3）华东电网。

2017 年以来，华东电网网架总体变化情况如下：

一是满足负荷增长需求，缓解调峰压力，建设了多项网架配套工程。其中，建设龙门输变电工程，进一步满足了合肥北部新增负荷需求，形成了合肥 500kV 网架半环网，加强了与淮南的联系；建设伯阳开关站升压工程，进一步满足了亳州新增负荷的需求，新增了亳州市 500kV 变电站，加强了地区电网网架；建设徽州开关站升压工程，提高了黄山地区供电能力，缓解了官山供电压力，新增了黄山 500kV 变电站，延伸了 500kV 网架；建设绩溪抽水蓄能送出工程，形成了宣黄地区 500kV 环网，加强了皖南网架架构。

二是建设特高压受端受点落地工程。建设锡泰直流（锡盟一泰州）直流配套 500kV 送出工程，新增了苏北、苏中送电通道，苏北 500kV 电网获得新的电源支撑，消纳清洁能源能力进一步提升；建设苏州、泰州特高压扩建配套 500kV 送出工程，增加了苏南 500kV 沿江电网受电通道、特高压向苏中 500kV 电网释放通道，进一步强化了特高压交直流受端电网结构，提升了特高压远距离能源的消纳能力；建设晋北一南京直流配套 500kV 送出工程，增加了晋北直流近区外送及南京电网受电通道，满足了晋北直流及近区新能源外送需求，保障了特高压直流电力合理消纳。

延伸阅读——华东电网部分重点工程

1）苏州特高压扩建配套 500kV 送出工程：

2018 年 5 月，苏州 1000kV 特高压变电站第三台、第四台主变电站扩建工程顺利投运。本期扩建后该站已达 4 台 3000MV·A 主变压器，是全球规模最大、主变压器容量最高和变电能力最强的交流特高压变电站。

作为 1000kV 淮南一盱眙一泰州一东吴一练塘交流输变电工程的变电站之一，该变电站的顺利投运，将切实提高特高压主变电站对江苏苏南电网、上海电网及江苏苏南沿江通道的供电可靠性，满足特高压来电降压需求，并进一步健全电网运行手段，加快构建华东地区坚强电网体系。

2）安徽龙门500kV输变电工程：

2018年6月，合肥电网“十三五”规划头号重点建设项目——500kV龙门变电站正式启动送电。

该工程包括肥北变电站及11个单项工程，主体站点位于长丰县吴山镇，新建500kV线路2回，2台1000MV·A主变压器。11个单项工程包括220kV永青—植物园改接翰林变电站，肥北—植物园线路工程，220kV翰林、富邦变电站间隔扩建等，整体工程连接起220kV富邦变电站、永青变电站、科学城变电站、陶楼变电站、翰林变电站、植物园变电站。

该工程使得合肥西北电网的结构得到大幅度优化调整，保障迎峰度夏合肥电网安全运行，同时标志着合肥市500kV主网架正式形成，电网发展实现重大突破。

（4）华中电网。

2017年以来，华中电网网架总体变化情况如下：

一是通过新建输变电工程满足新增负荷需要。建设了系列网架配套工程。其中，建设随州500kV输变电工程，为随州地区220kV电网提供了电源点；建设仙桃500kV输变电工程，为荆州东部地区220kV电网提供了电源点；建设湖北黄冈武穴500kV输变电工程，为黄冈东南地区220kV电网提供了电源点；建设恩施东500kV输变电工程及樊城500kV主变电站增容工程，为恩施地区新增了500kV站点；建设鄂州500kV输变电工程，为鄂州地区新增了500kV站点。

二是进一步优化网架结构，消除潜在安全隐患。其中，建设罗抚Ⅱ线、鹰抚Ⅱ线，加强了江西中部网架输电能力；建设潭广Ⅰ线，加强了江西东部网架输电能力；建设鄂州电厂三期 500kV 送出工程，服务了鄂州电厂三期水电外送；建设湖北十堰—卧龙 500kV 线路工程，提高了十堰地区水电外送能力。

延伸阅读——华中电网部分重点工程

1）江西 500kV 鹰潭—抚州—罗坊Ⅱ回输电线路工程：

2017 年 10 月，江西 500kV 鹰潭—抚州—罗坊Ⅱ回输电线路工程全线投运。该工程从 500kV 抚州变电站至 500kV 罗坊变电站，线路全长 141.7km，共有铁塔 325 基。500kV 鹰潭—抚州—罗坊Ⅱ回输电线路工程的全线投运，解决了赣东北部及中部地区富余电力向西部、南部输送压力大的难题，完善了江西中部 500kV 双环网结构，为江西电力负荷日益增长、经济快速发展奠定坚实的基础。

2）湖北随州 500kV 输变电工程：

2018 年 3 月，随州编钟变电站 500kV 智能变电站正式投产送电。该工程坐落于随县新街镇水寨村，占地约 118 亩，总投资 4.5 亿元。编钟变电站一期项目包括 1000MV·A 主变压器 1 台，随州至樊城 500kV 输电线路 1 回，220kV 出线 4 回。项目终期规模为 1000MV·A 主变压器 4 台，500kV 出线 6 回，220kV 出线 14 回。

该工程可满足随州地区电力负荷增长，改善 220kV 电网结构，为新增 220kV 站点提供接入点，解决随州地区新能源上网问题，推进新能源产业的可持续发展。同时为随州电网分片运行创造条件，提高系统运行的积极性和可靠性。

（5）西南电网。

2017 年以来，西南电网网架总体变化情况如下：

一是加强川渝网架，满足水电送出需求。建设四川甘孜猴子岩水电站 500kV 送出工程，四川路平至富乐 500kV 输变电工程，提高了猴子岩、茂县通道的稳定水平和输送能力；建设四川盐源500kV输变电工程、四川会东500kV输变电工程、川渝第三通道500kV输变电工程，解决了四川水电送出，保障了重庆电力供应，提高了川渝通道稳定水平和输送能力，重庆电网500kV主网架由“日”字型双环网转变为“两横三纵”电网结构。

二是建设藏中联网工程，增强西藏中东部地区电网结构，保障川藏铁路大动脉畅通。目前，西藏自治区内部形成“一大两小”电网格局，“一大”是指藏中电网，“两小”是指昌都电网、阿里电网。藏中电网内部形成以拉萨为中心的220kV主网架，灵芝地区墨脱县、波密县、察际县孤网运行，向外通过西藏拉萨一青海柴达木±400kV直流“柴拉直流”（柴达木一拉萨）工程与西北电网异步互联；昌都电网内部最高电压等级为500kV，以220kV为主网架，向外通过四川巴塘一西藏昌都500kV川藏联网工程与四川电网互联；阿里电网以110kV为主网架孤网运行。

延伸阅读——西南电网部分重点工程

1）川渝第三通道500kV输变电工程：

2017年6月，川渝第三通道500kV输变电工程全线贯通。

川渝第三通道工程起于四川省资阳市，止于重庆市北碚区，全长2×240.8km。该工程新增四川水电外送能力200万kW，预计每年为重庆输入70亿kW•h清洁能源，减少污染物排放230万t。该工程是落实国家清洁能源政策、推进清洁能源更大范围优化配置、促进四川水电消纳、满足重庆用电需求、提高川渝断面输电能力的重要工程，建设意义重大，影响深远。

2）四川盐源500kV输变电工程：

2018年6月，四川凉山彝族自治州首座500kV智能变电站——百灵变电站2号主变压器合闸成功。该工程位于凉山彝族自治州盐源县卫城镇。

该工程安装2组750MV•A主变压器，投运500kV出线2回，分别为连接二滩电厂、500kV普提变电站各1回出线，最终配套500kV出线10回。

该工程的投运，提高了攀西电网供电能力和可靠性，为甘南、水洛、木里片区各流域梯级电站清洁能源的送出提供了有力保障。截至2017年底，四川电网主网已覆盖全省各市（州），负荷中心形成梯格状双环网，通过“八交四直”与华东、华中、西北、西藏等电网相联，已成为联通西北、华中、华东、华北四大区域电网交直流混联运行的枢纽电网。

3）阿里与藏中电网联网工程：

阿里与藏中电网联网工程计划建设多林—查务—吉隆500kV线路、吉隆—萨嘎—仲巴—霍尔—巴尔220kV线路。

2018年5月，阿里与藏中联网500kV输电线路特殊环境前期现场勘测相关工作已经完成，对于推动我国高海拔地区重要输电通道精细化设计具有重要的参考和指导意义，也为做好阿里与藏中联网工程安全可靠运行奠定了基础。该工程计划于2020年建成，实现藏中与阿里联网，解决阿里电网可靠供电问题。

（6）西北电网。

2017年以来，西北电网网架总体变化情况如下：

一是加强750kV交流网架支撑。建设信义—西安南—宝鸡Ⅱ回750kV输变电工程，建成了宝鸡—西安南—信义Ⅱ回750kV线路，关中地区将形成750kV双环网；建设陕北风电基地750kV集中送出工程，建成了陕北至关中第二输电通道（榆横—定靖—富县—西安北双回750kV线路），形成了陕北“两纵”750kV骨干网架，优化了定靖地区330kV网架结构，提高了陕北至关中负荷输电能力；建设宁夏沙坡头、杞乡750kV输变电工程，使得750kV主网架向中卫西部负荷中心延伸。

二是解除新能源输送网架约束。建设甘肃河西走廊750kV第三回线加强工程，强化了河西地区750kV网架的结构；建设祁高线路工程，完成了省内750kV电网与±800kV直流电网的电气连接，实现了省内由单一交流电网向交直流混联特高压大电网的网架转型升级。

三是满足新增负荷需求。建设五家渠750kV输变电工程、准北750kV输变电工程，在满足负荷需求的同时，延伸了750kV网架。

延伸阅读——西北电网部分重点工程

1）准北750kV输变电工程：

2018年7月，准北750kV变电站1号主变压器带电冲击完成，标志着塔城地区第一座750kV变电站送电成功。

该工程起自塔城地区和布克赛尔县夏孜盖乡750kV准北变电站，止于乌鲁木齐米东区750kV乌北变电站，双回路架设，全长628.3km，共有铁塔1216基。

该工程投运后，新疆750kV骨干网架将延伸至北部最末端塔城电网，满足阿勒泰、塔城、克拉玛依北疆三地市用电需求。盈余电力外送能够加快北疆可再生能源规模化开发，为阿勒泰、塔城和博州新能源基地大规模电源开发和风火打捆外送提供坚强的网架支撑。该工程对完善塔城地区电网网架结构意义重大，以750kV准北变电站为电源支撑点，梳理和完善北疆三地市220kV电网结构，保障周边地区变电站双电源供电，提高大电网供电能力和可靠性，缓解已有220kV变电站供电压力，对促进新疆高质量发展、实现资源优势转换具有重要意义。

2）宝鸡—西安南—信义Ⅱ回750kV输变电工程：

宝鸡—西安南—信义Ⅱ回750kV输变电工程是国家“十三五”重点电

网建设工程，于2017年8月10日开工，预计于2018年12月竣工。

该工程项目线路途经宝鸡市岐山县、扶风县、眉县，西安市周至县、户县，新建线路长度106.235km。

该工程主要应对宝鸡—西安南—信义单回750kV线路联系较薄弱及潮流大面积转移风险，扭转陕西省东南部供电区负荷增长、电源紧缺不利局面，加强关中750kV电网网架结构，对服务国家级西咸新区建设和推动陕西东南部经济发展具有重要意义。

（7）南方电网。

2017年以来，南方电网网架总体变化情况如下：

一是持续优化“西电东送”输电通道，云南电网与南网主网鲁西背靠背直流异步联网二期扩建工程以及500kV桂南输变电工程相继建成投运，提升了云南水电和广西清洁能源的消纳，优化了东西部资源配置，改善了电网网架结构，保证西电东送电能的“落地”。

二是进一步优化电网结构，满足东部负荷增长，破解局部地区缺电困局。500kV甲湖湾电厂送出线路工程顺利投产，为珠三角东部地区新增200万kW电源出力，将电能通过惠州的电网枢纽，送往珠三角东岸广州、深圳、东莞、惠州及东部其他地区，满足粤港澳大湾区经济社会高质量发展。建成500kV文山变电站，将中山电网供电极限提升至600万kW，缓解了中山电网北部用电紧张局面，同时加强了中山电网与省网的联系，将成为珠三角地区重要的能源中转通道。东莞纵江变电站配套500kV线路二期工程竣工投运，优化莞深电网网架结构，显著缓解东莞市供电压力。北海500kV福成变电站投运，从根本上解决了北海主电网网架薄弱、供电能力不足的问题，大幅增强了广西南部特别是北海地区的供电能力和可靠性。500kV碧江变电站投运，解决了铜仁地区电网负荷以及外送电力需求，加强了贵州东部电网和主网的联系，优化了电网结构，并降低了网损，有效缓解了500kV铜仁变电站的供电压力，提高了城市电网供电可靠性。

另外，2018年3月，南方电网对澳输电第三通道——220kV烟墩至北安双回电缆工程正式开工，计划2019年6月底前投产。届时，南方电网公司送电澳门的输电通道将由南北“两车道”变成南北中“三车道”，对澳送电能力将再提升70万kW，超过165万kW，形成8回220kV线路主供和4回110kV线路备用的“8+4”对澳门供电格局，对澳供电整体能力和可靠性将大幅提升，对确保澳门电力供应、电网安全运行，促进两地合作以及粤港澳大湾区的发展具有重要意义。

延伸阅读——南方电网部分重点工程

1）500kV碧江变电站：

2018年4月28日，贵州铜仁500kV碧江变电站投运，是南方电网公司第一座500kV智能变电站。500kV碧江变电站工程本期建设1×750MV•A主变压器，最终规模3×750MV•A；500kV线路本期出线5回，远期出线8回；220kV本期出线6回，远期出线14回。该变电站主要有以下特点：一是拥有直采网跳方式，采用智能远动技术；二是通信蓄电池能够智能维护；三是拥有智能告警与分析决策动态拓扑防误系统；四是拥有智能压板防误；五是拥有智能锁具综合管理等智能新技术。

该站的投运，结束了贵州电网北部电网和东部电网无500kV连接的情况，解决了铜仁电网负荷以及外送电力的需求，有效缓解了500kV铜仁变电站供电压力，提高了城市电网供电可靠性，并优化了铜仁电网的网络结构，减小了网损，加强了贵州东部电网和主网的联系，提高了防冰抗冰能力。

2）500kV文山变电站：

2018年5月31日，500kV文山变电站竣工投产，该站是南方电网公司首座500kV全室内GIS变电站，投产后将为中山电网增添150万kW的下送容量，进一步提高了中山电网的电力输送和接收能力，缓和了中山市负荷高峰期的供电压力。

目前，中山电网仅凭500kV香山变电站、桂山变电站“双核”供电，供电极限只有400万kV，相对于本年度负荷高峰期600万kW的用电需求存在200万kW的供电缺口，只能依赖中山区域内的发电厂顶峰出力。文山变电站将为中山电网增添150万kW的下送容量，大大缓和中山市负荷高峰期的供电压力，也为密集的东部电厂电源提供机组并网的主通道。同时，文山变电站加强了中山电网与省网的联系，将成为珠三角地区重要的能源中转通道。

（四）跨境互联电网形态

中国已与俄罗斯、蒙古、吉尔吉斯斯坦、朝鲜、缅甸、越南、老挝等七个国家实现了电力互联，主要为周边国家的边境设施及偏远地区供电。

中俄跨境线路包含1回500kV线路及1回背靠背、2回220kV线路、2回110kV线路；中蒙跨境线路包含2回220kV线路、3回35kV线路、7回10kV线路；中朝跨境线路包含2回66kV线路；中缅跨境线路包含1回500kV线路、2回220kV线路、1回110kV线路、7回35kV线路、61回10kV线路；中越跨境线路包含3回220kV线路、4回110kV线路；中老跨境线路共计10条，包含1回115kV线路、3回35kV线路、6回10kV线路。

2017年，中国与周边国家电网互联规模已经达260万kW。中国从周边国家进口电量47亿kW·h，出口电量27.9亿kW·h，总进出口电量占全国用电量的0.1%。

2.2.4 配网发展

（一）世界一流城市配电网建设

2017年4月，国家电网公司印发《世界一流城市配电网建设工作方案》，完成《世界一流城市配电网专项规划》编制，围绕电网安全、清洁、协调、智能发展总体要求，借鉴国际先进经验，选取北京、天津、上海、青岛、南京、苏州、杭州、宁波、福州、厦门10座大型城市，坚持全面覆盖、双创驱动、统筹推进、差异实施的原则，着力提升配网网架结构、设备技术、精益运维和智能互动服务水平，全面提高城市配电网可靠性和供电质量，计划用4年左右的时间，打造安全可靠、优质高效、绿色低碳、智能互动的世界一流城市配电网。

安全可靠方面，采用成熟可靠、技术先进、自动化程度高的配电设备，建成坚强合理、灵活可靠、标准统一的配电网结构。10个城市2020年率先全面实现中低压配电网不停电作业，供电可靠性显著提升，A+、A、B、C、D类区域用户年平均停电时间分别不超过5min、26min、1h、3h和9h，供电可靠率分别达到99.999%、99.995%、99.989%、99.965%、99.897%。

优质高效方面，建成科学高效的配电网运营管控体系；加强经济运行管理，减少电能损耗，提高供电质量；贯彻全寿命周期管理理念，提高配电设备利用效率，实现资源优化配置和资产效率最优。A+、A、B、C、D类区域综合电压合格率分别达到100%、99.997%、99.98%、99.95%、99.90%，单位资产售电量达到国际先进水平。

绿色低碳方面，综合应用新技术，大幅提升城市配电网接纳分布式电源及多元化负荷的能力，清洁能源消纳率达100%。注重节能降耗、节约资源，实现配电网与环境友好协调发展。

智能互动方面，建成全覆盖的配电自动化系统和配网智能化运维管控平台，推广应用新型智能配变终端，提升设备状态管控力和运维管理穿透力，实现中低压配网可观、可测。建立智能互动服务体系，满足个性化、多元化用电需求，提高供电服务品质，实现源网荷友好互动。

重点从以下四个方面开展工作：

一是构建坚强合理的网架结构。根据负荷预测，优化供电区域分类，因地制宜确定规划标准，提升互联率与转供转带能力，实施标准化建设，应用典型设计、标准物料，确保廊道、选址、建设一次到位，避免大拆大建。

二是推动配电网设备技术升级。按照设备全寿命周期管理要求，精简设备类型、优化设备序列、规范技术标准，推广应用一体化、全绝缘、免维护、环保型设备，实施差异化采购策略，健全质量管控体系，推动城市配电网装备向技术先进、品质优良、坚固耐用的中高端水平迈进。

三是提高配电网智能管控水平。深化以精益生产管理系统、新一代配电自动化系统、智能运维管控平台为主体架构的“两系统一平台”应用，积极应用自动化、智能化、现代信息通信等先进技术，满足各类供用电主体灵活接入、设备即插即用需要，增强配电网运行灵活性、自愈性和互动性。

四是提升配电网精益管理水平。聚焦客户需求，推进资源整合、组织优化、流程再造，以供电服务指挥平台建设为重点，推进营配调业务协调融合，构建“强前端、大后台”服务新体系。抓好基层班组建设，强化设备主人意识，提高配电专业管控力、穿透力和执行力，提升配电网建设改造、运行维护、设备检修、抢修服务、报装接电效率和效益，提高用户可靠供电水平。

（二）城市电网可靠性提升工程

中国高度重视城市配电网发展，城市配电网供电能力、供电质量稳步提升。2017 年全国平均供电可靠率为 99.814%，同比上升了 0.009 个百分点；用户平均停电时间 16.27h/户，同比减少了 0.84h/户，用户平均停电频率 3.28 次/户，同比减少了 0.29 次/户，配电网发展取得显著成绩。为进一步提升城市配电网供电可靠性，提高城市配电网发展的效率和效益，推进能源互联网建设，加快推动城市配电网从单一供电向综合能源服务平台转变，国家电网公司编制了《城市电网可靠性提升规划（2018－2025 年）》。

（1）规划目标。

到 2025 年，城网供电可靠率达到 99.995%，用户年均停电时间不超过 26min；综合电压合格率达到 99.999%；标准化接线比例达到 96%；10kV $N-1$ 通过率达到 100%。

（2）重点工作。

1）提高供电能力，做好供电保障。

A+、A 类供电区域，围绕城市发展定位和高可靠用电需求，统筹配置空间资源，加强与城市规划的协同力度，将电网规划成果纳入城市规划和土地利用规划，保障变电站站址和电力廊道落地，高起点、高标准建设配电网，提高供电可靠性和智能化水平。B、C 类供电区域，按照功能定位，紧密跟踪经济增长热点，及时增加变（配）电容量，消除城镇用电瓶颈。

2）优化完善结构，明确目标网架。

合理划分变电站供电范围，各变电站供电区不交叉、不重叠，解决结构不清晰问题；推进“网格化”规划建设，科学构建标准统一的目标网架，加强中压线路站间联络，优化配置导线截面，合理设置中压线路分段点和联络点，满足负荷转供需求，解决无效联络问题，提高配电网转供能力。A+、A 类供电区域，积极争取廊道资源，尽快形成双侧电源的链式结构，提高电网安全运行水平。加强中压线路站间联络，提高站间负荷转移能力，解决变电站全停时负荷转移问题；B、C 类供电区域，根据负荷发展需求，降低高压配电网单线单变比例，逐步过渡到目标网架结构，提高 $N-1$ 通过率。

3）推进标准配置，提升装备水平。

全面应用典型设计和通用设备，新建和改造工程的标准物料应用率达到100%，进一步优化设备序列，精简设备类型，控制同一供电区域每类设备不超过 3～5 种，提升设备通用互换性，所选设备应通过入网检测；按照设备全寿命周期管理要求，逐步更换老旧设备，消除安全隐患，提高配电网安全性和经济性。选用技术先进、节能环保、环境友好型设备设施，提升设备本体智能化水平，推行功能一体化设备，加强对入网设备质量审查把关，提高设备可靠性。

4）提高自动化水平，实现可观可控。

合理制订配电网自动化建设与改造方案，一二次协调发展，新建工程合理预留配电自动化终端和操作机构设备的接口和安装位置。合理采用“三遥”配电自动化终端和光纤通信方式，合理选用光纤、无线通信方式，提高运行控制水平，实现网络自愈重构，缩短故障停电恢复时间。

5）提升智能化水平，满足能源互联网发展需求。

紧密跟踪新能源电源规划及建设计划，及时安排配套电网工程同步或超前建设，优化网架结构，同时在新能源接入高压配电网时，做好电源接入的电能质量评估，并提出针对性的治理措施。根据电动汽车等多元化负荷的接入需求，明确其接入的电压等级要求与原则、接入系统的典型接线方式，优化所在区域电网网架结构。同步考虑配网智能化发展，集成运用新技术，大力提升配电网自动化、信息化、互动化水平。试点建设能源互联网小镇，以能源互联网为基础，实现小镇运行数字化、基础设施互联化、能源服务智能化的新型智慧城市形态，打造成引领未来能源发展和未来城市方向的典范工程。到 2025 年，建成 100 个用户以上规模的综合能源园区 20 个，实现综合能源的安全可靠供给，综合能源系统的绿色高效运行，综合能源服务公司的经济可持续运营。

6）保障重大任务，加快重点城市电网建设。

统筹主网配网、一次二次发展，做好各级规划衔接，以提升供电可靠性为目标，加快推进雄安新区等重点城市配电网建设，建成具备安全可靠、优质高效、绿色低碳、智能互动特征的现代城市配电网，主要指标达到国际先进水平，满足重要赛事、会议等电力保障需求。

（三）小康用电示范县建设

为推进适应小康社会需求的县域电力基础设施建设，加快城乡电力一体化、均等化、现代化，国家能源局于 2017 年 8 月发布《关于小康用电示范县建设有关要求的通知》（国能发新能〔2017〕36 号），计划 2016—2018 年在全国范围内组织建设 200 个小康用电示范县，基本覆盖全国各类县域农网建设模式。

该通知对建设总体目标作出明确要求，小康用电示范县需实现供电可靠率不低于 99.8%，用户年均停电时间不大于 17.5h，综合电压合格率不低于 97.9%，变电站双电源比例不低于 60%，变电站有载调压主变压器比例不低于 60%，农村居民户均公用配变容量不低于 2kV·A，智能电表覆盖率超过 60%，分布式电源接纳能力满足渗透率 8%以上的接纳需求。

小康用电示范县建设作为“十三五”农网改造升级建设中的专项建设，国家给了很大力度的优惠政策。首先从投资上保证了建设资金充足，其次从审批程序上给予了相当的简化，对相关项目建设中可能出现的问题给予了充分重视。随着国家持续推动供给侧结构性改革的进行，农村地区的经济活力渐渐释放出来，农村地区用电需求呈现出较快的增长趋势。

除此之外，小康用电示范县建设将在微电网、电动汽车、新型城镇、美丽乡村等社会关注的热点方面下工夫，将提升农村电网质量，助推社会发展，助力乡村振兴，改善百姓民生。

截至2017年12月，国家电网公司、南方电网公司分别建成75、24个小康用电示范县。

（四）农村电网升级改造

为充分满足农业农村农民用电需求，加快城乡电力服务均等化进程，国家发展改革委于2016年印发《关于“十三五”期间实施新一轮农村电网改造升级工程意见的通知》，全国开展新一轮农网改造升级建设。

2017年9月，国家电网公司提前三个月完成新一轮农网改造“两年攻坚战”，工作内容包括“井井通电”、小城镇（中心村）电网改造升级和村村通动力电。涉及投资1423.6亿元，其中“井井通电”工程总投资456.93亿元，完成了经营区内153.5万眼平原地区农田机井通电，受益农田1.4亿亩，减排二氧化碳875万t；实现了6.6万个小城镇（中心村）电网改造升级全覆盖，完成了7.8万个自然村新通动力电及改造，实现村村通动力电目标，受益人口达1.56亿。新建及改造村镇电网输配电线路89.7万km，配电变压器45.1万台，变电站552座，改造户表1431.4万户；居民供电能力得到提升，村镇户均配电变压器容量提高至2.64kV•A，人均用电量较上一年度增长35.1%，农村年户均停电时间由19.14h下降至18.944h，人均用电量较上一年度增加95.5kW•h。得益于“两年攻坚战”，发展农副业及旅游业年均增收514亿元，每个自然村平均新增农副产品加工、养殖等各类企业4个，吸引农民工返乡创业、就业440万人。

南方电网公司扎实推进农网改造升级工程，2016—2017 年间完成农网投资 665 亿元，完成 7665 个小城镇中心村电网改造升级、4709 个机井通电和 262 个贫困村通动力电三大攻坚任务，农村电网供电能力和供电质量大幅提升，农村改善生产生活条件的用电需求基本满足。供电范围内 216 个贫困县和“三区三州”等深度贫困地区实现通动力电全覆盖，累计助力 613 万贫困人口脱贫摘帽。

2018 年 3 月，国家能源局正式印发通知，要求正式启动西藏、新疆南疆、四省（四川、云南、甘肃、青海）藏区以及四川凉山、云南怒江、甘肃临夏（简称“三区三州”）农网改造升级攻坚三年行动计划（2018—2020 年）的编制工作，估算出“三区三州”农网改造升级攻坚三年行动计划规划建设投资总需求，并制订建设资金筹措方案，明确资金来源。

2018 年 3 月，国家电网公司召开“三区两州”深度贫困地区电网建设动员会。2018—2020 年将投资 210 亿元，到 2020 年“三区两州”农网主要供电指标接近或达到国家规定的农网规划目标，全面推动“三区两州”农村电网提档升级，实现深度贫困地区人民由“用上电”向“用好电”转变。

南方电网公司针对农网改造升级提出目标：2018 年内实现智能电表和低压集抄全覆盖，广东率先实现国家新一轮农网改造升级目标。2019 年要以市为单位全部提前实现国家新一轮农网改造升级目标，“三区三州”等深度贫困地区也要一并达到国家要求，全面解决农村电网低电压、“卡脖子”等存量问题，显著提升农村地区供电能力和用电质量。2020 年，进一步提升农村电网配电自动化水平和农村电网供电能力、用电质量，各县区全部实现国家新一轮农网改造升级目标，贫困地区供电服务水平基本达到本省区农村平均水平，建成安全可靠、结构合理、绿色高效、适度超前的农村配电网。

2.2.5 运行交易

（一）电网运行

（1）清洁能源消纳水平提升。

截至 2017 年底，国家电网调度范围内水电、风电、光伏发电装机容量分别达到2.24亿、1.45亿、1.21亿kW，同比增长3.8%、9.8%和68.1%。全年消纳新能源电量3230亿kW•h，同比增长40.4%。弃电量同比下降11.3%，弃电率同比下降5.3个百分点，实现了“双降”目标。

截至2017年底，南方电网清洁能源装机容量达到1.49亿kW，占总装机的52.6%。全年西电东送电量达2028亿kW•h，其中清洁能源占87%，增加5.3个百分点。累计增送云南水电277亿kW•h，云南水能利用率达到88%。并网接入风电、光伏发电等新能源容量同比增长30%，风电、光伏发电量消纳比例分别达到97.74%、99.41%。广东电网消纳清洁能源电量约2592亿kW•h。

（2）远距离电力输送持续增长。

2017年，12条特高压线路输送电量3008亿kW•h，其中输送可再生能源电量1900亿kW•h，同比上升10%，占全部输送电量的63%。国家电网公司经营区的9条特高压线路输送电量2426亿kW•h，其中可再生能源电量1319亿kW•h，占全部输送电量的54%；南方电网公司经营区的3条特高压线路输送电量581亿kW•h，全部为可再生能源电量。12条特高压线路输电量情况见表2-5。

表2-5　2017年特高压线路输送电量情况

序号	线路名称	年输送电量（亿kW•h）	可再生能源电量（亿kW•h）	可再生能源电量在全部输送电量占比（%）
1	长治—南阳—荆门交流	65.5	37.0	56
2	锡盟—泉城交流	64.8		0
3	皖电东送	594.5		0
4	安吉—榕城交流	40.2		0
5	复奉直流	324.0	320.3	99
6	锦苏直流	387.1	384.6	99
7	宾金直流	389.6	389.6	100

续表

序号	线路名称	年输送电量（亿 kW·h）	可再生能源电量（亿 kW·h）	可再生能源电量在全部输送电量占比（%）
8	天中直流	359.7	152.6	42
9	灵绍直流	201.3	34.4	17
10	楚穗直流	282.2	282.2	100
11	普侨直流	297.5	297.5	100
12	新东直流	1.4	1.4	100
全国		3007.5	1899.6	63

数据来源：国家能源局，2017 年度全国可再生能源电力发展监测评价报告。

2011—2017 年国家电网公司经营区特高压累计送电量超过 8576 亿 kW·h，特高压建成以来累计输送电量 9106 亿 kW·h，具体如图 2-19 所示。

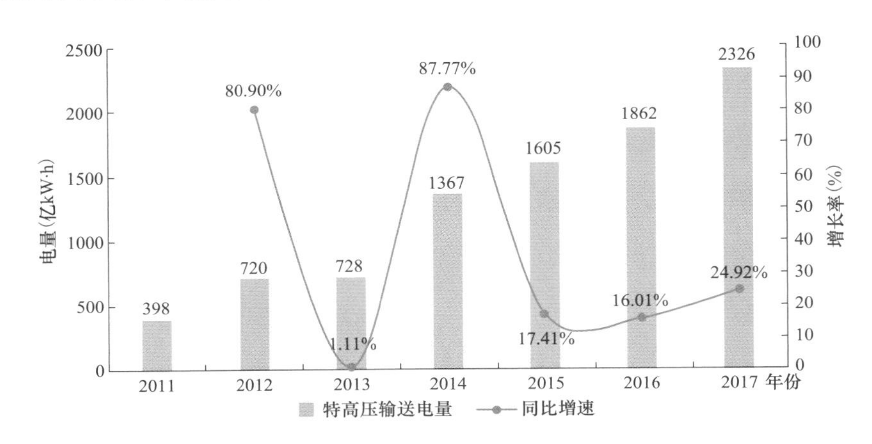

图 2-19　国家电网特高压跨区跨省输送电量

数据来源：中国电力企业联合会，中国电力行业年度发展报告 2018；国家电网公司，2017 社会责任报告。

南方电网公司大力落实西电东送战略，加快输电通道建设，持续提升云南水电外送能力，建成“八条交流、十条直流”共 18 条西电东送大通道，电压等级为±500、±800kV，最大送电规模能力 4750 万 kW。按照“计划+市场”的交易模式，利用通道富余能力开展省间市场化交易，健全水火电置换交易机制。2017 年，西电东送电量首次突破 2000 亿 kW·h，达到 2028 亿 kW·h，同比增长 3.8%，如图 2-20 所示，其中清洁能源电量占 87%。2017 年，云南外送电量 1242.2 亿 kW•h，同比增长 13%，全年消纳云南富余水电 277 亿 kW•h。

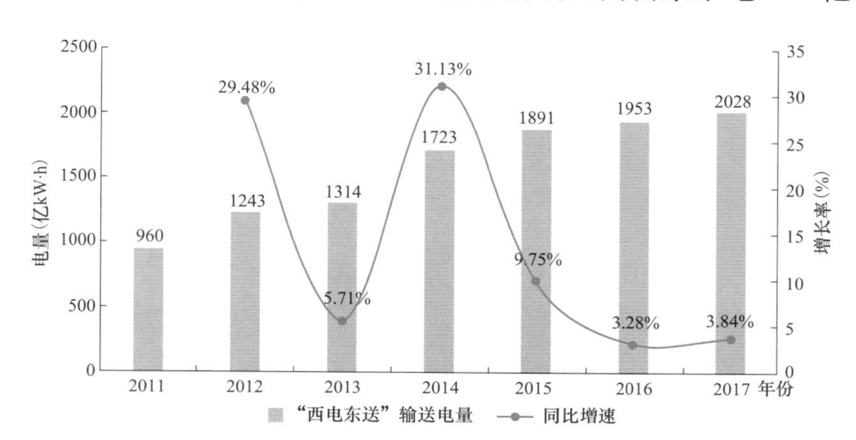

图 2-20 南方电网西电东送电量

数据来源：南方电网公司，2017 企业社会责任报告。

（二）市场交易

2017 年，全国电力市场交易电量为 1.63 万亿 kW•h，同比增长 45%，占全社会用电量的 25.9%，其中省内市场交易电量 1.34 万亿 kW•h。市场化规模保持较快增长。2017 年电力市场交易电量平均每千瓦时降低 5 分钱，降低企业用电成本 680 亿元。

电力市场化交易电量前三位地区为江苏、广东、浙江，分别达到 1618 亿、1471 亿、1302 亿 kW•h；电力市场化交易电量占全地区社会用电量比例前三位的地区为蒙西、云南、贵州，分别达到 68.5%、65.7%、54%。

2017 年，国家电网公司经营区市场交易电量 12 095 亿 kW•h，同比增加 49.6%，市场交易电量占售电量比例达到 31.3%。其中，省间市场交易电量 2723 亿 kW•h，省内市场交易电量 9372 亿 kW•h。预计 2018 年市场化交易电量将突破 1.4 万亿 kW•h。

2017 年，南方电网公司经营区市场交易电量 3249 亿 kW•h，同比增加 10.7%，占南方电网售电量的 49.9%。

（三）电量交换

（1）跨区域电量交换。

2017 年，全国跨区域电量交换（送出电量）规模达 4236 亿 kW·h，同比增长 12.1%，占全社会用电量的 6.7%。各区域电量交换规模及同比增速见表 2-6。

表 2-6 全国跨区域电量交换情况

区域	送出电量（亿 kW·h）	同比增速（%）	区域	送出电量（亿 kW·h）	同比增速（%）
全国	4236	12.1	西北	1234	36.8
华北	327	32.4	西南	1101	2.2
东北	221	6.7	南方	477	0.4
华中	596	1.2			

数据来源：中国电力企业联合会，中国电力行业年度发展报告 2018；国家电网公司，2017 社会责任报告。

（2）跨省电量交换。

2017 年，全国跨省电量交换（送出电量）规模达 11 300 亿 kW·h，同比增长 12.6%，占全社会用电量的 17.8%。各省电量交换规模及同比增速见表 2-7。

表 2-7 全国跨省电量交换情况

区域	送出电量（亿 kW·h）	同比增速（%）	区域	送出电量（亿 kW·h）	同比增速（%）
全国	11 300	12.6	湖北	414	3.8
河北	406	6.9	四川	1359	7.0
山西	834	11.8	贵州	488	-11.4
内蒙古	1295	9.7	云南	1242	12.9
辽宁	306	6.4	陕西	210	2.1
吉林	208	6.0	宁夏	503	71.8
浙江	151	—	新疆	360	11.5
安徽	555	18.8			

数据来源：中国电力企业联合会，中国电力行业年度发展报告 2018；国家电网公司，2017 社会责任报告。

（3）全国进出口电量。

2017 年，全国进出口电量（含香港、澳门）规模达 258 亿 kW•h，同比增长 2.3%。其中，进口电量 60 亿 kW•h，出口电量 198 亿 kW•h。

2017 年，南方电网向香港、澳门地区送电合计 170 亿 kW•h，其中向香港送电 130 亿 kW•h，向澳门送电 40 亿 kW•h。2013—2017 年，南方电网累计向香港送电 571.81 亿 kW•h，累计向澳门送电 198.8 亿 kW•h。

2017 年，中国从俄罗斯进口电量 33 亿 kW•h，向蒙古出口电量 12 亿 kW•h，从缅甸进口电量 14 亿 kW•h，向越南出口电量 13 亿 kW•h。

2.2.6 电网经营[1]

全国单位电网投资增售电量增长明显，主要受中国宏观经济增速和用电增速回升影响。2017 年，全国单位电网投资增售电量为 0.6kW•h/元，比 2016 年提升 50%，显著高于 2014、2015 年水平，但仍未达到 2013 年的水平，如图 2-21 所示。

图 2-21　2011—2017 年全国单位电网投资增售电量

数据来源：中国电力企业联合会，2017 全国电力统计基本数据一览表；国家电网公司，2017 年电网发展诊断分析报告。

[1] 单位电网投资增售电量、增供负荷是衡量电网投资效益的两个直观指标。一般情况下，单位电网投资增售电量采用第二年较第一年增加的售电量与第一年投资之比，单位电网投资增供负荷采用第二年较第一年增加的供电负荷与第一年投资之比。

全国单位电网投资增供负荷有所回升。2017 年，全国单位电网投资增供负荷为 1.23kW/万元，与 2016 年相比出现小幅提升，如图 2－22 所示。

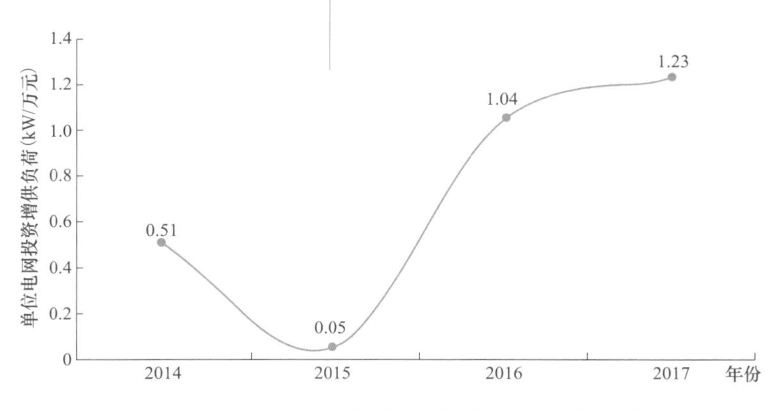

图 2－22　2014—2017 年全国单位电网投资增供负荷

数据来源：中国电力企业联合会，2017 年全国电力统计基本数据一览表；国家电网公司，2017 年电网发展诊断分析报告。

2.3　2017 年电网发展重点

2.3.1　促进能源转型

一是全面建成大气污染防治计划输电工程[1]。十二条输电通道包含 4 条特高压交流工程、5 条特高压直流工程和 3 条±500kV 输电通道。2017 年 12 月，国家电网公司负责建设的淮南—盱眙—泰州—东吴—练塘交流等 10 项特高压交直流工程全面竣工，南方电网公司负责建设的滇西北至广东±800kV 直流输电工程正式投运。国家大气污染防治行动计划特高压交直流工程全部建成，标志着大气污染防治重点输电通道建设工作取得了阶段性重大成果，为打赢蓝天

[1] 2014 年 5 月，国家能源局围绕《大气污染防治行动计划》出台了配套措施，内容包含建设十二条贯穿中国东西部的输电通道，将内蒙古、山西、陕西和云南等地的电力资源向京津冀、长三角和珠三角地区输送，用以解决这些区域日益严重的雾霾和电力短缺问题。

保卫战作出重要贡献。

二是全面发力促进新能源消纳。2017 年 5 月，国家电网公司发布《关于印发 2017 年促进新能源消纳工作安排的通知》，要求进一步减少火电机组发电计划，为新能源发电留足电量空间。广州电力交易中心推动落实南方电网公司关于促进云南水电消纳的 20 条措施，并引入市场机制促进省间余缺调剂和区域资源优化配置。在多方面政策背景下，2017 年，包含水电在内，全部可再生能源电力消纳量为 16 686 亿 kW·h，同比增加 10.8%，占全社会用电量的比重为 26.5%，同比上升 1.1 个百分点[1]。

三是大力改造配电网，适应能源转型要求。在以清洁能源为主导、以电力为中心的能源发展新格局下，配电网成为终端能源配置的主要载体和基石，2017—2018 年随着一流城市配电网、城市电网可靠性提升工程等示范项目的建设，配电网技术越来越引起重视，成为电网发展的主要方向。

2.3.2 网架结构优化

一是特高压交流主网架构建稳步推进。依托电力负荷中心和能源资源禀赋的逆向分布特征，中国自 2009 年第一条特高压交流输电通道建成投运以来，目前在运的特高压交流线路已经达到 8 条，在建 3 条，核准待开工 1 条。2019 年苏通 GIL 综合管廊工程投运后，将形成贯穿安徽、江苏、浙江、上海负荷中心的华东 1000kV 特高压交流环网，华东电网接纳区外来电能力将大幅度提升。未来蒙西—晋中特高压交流工程建成后，华北“两横三纵”特高压交流主网架也将形成。届时不但可以提升蒙西、山西、陕北等能源基地送电可靠性和消纳能力，华北电网京津冀鲁等受端地区接纳外电能力也将增强，对于构建我国清洁低碳、安全高效的能源体系，具有重要的意义。

二是各区域电网网架结构进一步优化。通过特高压电网配套工程建设改善

[1] 国家能源局，2017 年度全国可再生能源电力发展监测评价报告。

电网结构。随着特高压工程的依次投运，华北、东部、华东和西北多个特高压落点通过建设特高压配套500kV输变电工程加强特高压落点区域网架结构，提高区域电网的受电能力。通过增加外送通道解决输电瓶颈，提高电网运行的可靠性。例如华北电网通过建设北京房山—天津南蔡500kV输变电工程为南蔡500kV变电站提供第二路电源，解决天津武清等地“煤改电”大负荷需求。东北电网通过建设吉林向阳、长岭等500kV输变电工程解决松白地区电力外送“卡脖子”问题，加强吉林省西部主网架结构。通过电源送出工程，提升当地能源外送能力。例如在华中电网建设四川盐源等多项500kV输变电工程，解决四川水电送出问题。南方电网公司建设500kV甲湖湾电厂送出线路工程，促进珠三角东部地区经济社会高质量发展。

2.3.3 配网升级转型

一是对标国际先进城市，建设世界一流城市配电网。随着分布式能源发电，电动汽车、储能等多元化有源负荷接入电网，需提高配电网对分布式发电消纳、多元化负荷的保障能力和适应性，促进源网荷协调发展。国家电网公司借鉴国际先进经验，选取北京、天津、上海、青岛、南京、苏州、杭州、宁波、福州、厦门10座大型城市，打造安全可靠、优质高效、绿色低碳、智能互动的世界一流城市配电网。

二是立足电网实际发展，推进城市电网可靠性提升工程建设。着重提高城市电网供电能力，优化完善配电网网架结构，推进标准配置，提升装备水平，提高自动化和智能化水平，满足能源互联网发展需求。

2.3.4 服务民生改善

一是促进城市电网配电网建设。2017年4月，国家电网公司印发《世界一流城市配电网建设工作方案》，选取北京、天津、上海等10座大型城市，计划用4年左右时间，打造安全可靠、优质高效、绿色低碳、智能互动的世界一流城市配电网。南方电网公司广州市供电局也提出了建设世界一流城市电网的目标。农村电网建设方面，2016—2017 年农网改造升级两年攻坚战通过小城镇中心村电网改造升级、机井通电和村村通动力电三项重点工作，农村电网供电能力和供电质量大幅提升，农村改善生产生活条件的用电需求得到满足。

二是积极响应党的“十九大”报告对全面建成小康社会的要求，提升贫困地区电网基础设施水平。落实《关于支持深度贫困地区脱贫攻坚的实施意见》，国家电网公司提出 2018—2020 年将投资 210 亿元，全面推动“三区两州”农村电网提档升级，实现深度贫困地区人民由“用上电”向“用好电”转变。通过扶贫易地搬迁供电工程、深度贫困地区电网建设、光伏扶贫等方式，助推贫困地区脱贫攻坚。

三是电网发展重点向配电网和农网倾斜。2017 年，电网投资继续向配网及农网倾斜，新一轮农网改造升级取得阶段性重大进展。110kV 及以下电网投资比重占电网总投资比重达到 53.2%。2017 年，国家电网公司和南方电网公司打赢新一轮农网改造升级“两年攻坚战”，完成 154 万眼农田机井通电、7.4 万个小城镇（中心村）电网改造升级、7.8 万个自然村通动力电。

2.3.5 电网装备和标准“走出去”

一是重大科技示范工程引领电网技术发展。2017 年，我国在特高压输电、柔性输电、大电网安全、新能源并网、智能配用电等方面多项新技术、装置实现示范应用。

二是中国特高压“走出去”的首个项目——巴西美丽山 ±800kV 特高压直流输电一期工程投运。标志着中国特高压“走出去”的首个项目正式投入商业运行。工程将巴西北部清洁能源输送到东南部负荷中心，优化了巴西电网结构，提高了巴西电网的安全稳定性和供电可靠性。

三是主导国际标准编制，提升话语权。国家电网公司代表中国在国际电工委员会（International Electrotechnical Commission，IEC）发起成立 5 个技术委员会，累计主导编制国际标准 51 项。

2.4 小结

2017 年，中国经济稳中向好，好于预期，经济保持中高速增长，产业结构持续优化升级，能源消费强度保持下降，电能占终端能源消费比重持续提高。国家出台多项政策进一步推进能源转型，加快推进贫困地区能源建设，提升可再生能源发展与消纳水平，深入推进电力市场化改革，加快推进电能替代，促进电动汽车、储能等新兴产业全面发展。

电网投资方面，2017 年全国电网投资为 2010 年以来首次下降，配电网投资降幅大于输电网投资，但投资规模仍超过输电网投资。2017 年线路工程单位造价和变电工程单位造价变化趋势相反，线路工程造价上升的原因主要是土地、导线、塔材以及材料价格上涨。变电工程单位造价下降的原因是技术进步、主要设备价格下降。

电网规模方面，全国电网持续快速发展，与电源、负荷增长总体协调，其中特高压直流输电工程投运规模较大。220kV 及以上线路长度同比增长 6.5%，与电源增速（7.7%）、电量增速（6.6%）相当。截至 2018 年 6 月，我国在运特高压线路达到“八交十三直”。国内区域电网互联逐步加强，电网跨区互联互通不断深化，输电能力持续提升。

网架结构方面，华北—华中、华东、东北、西北、西南、南方、云南 7 个区域或省级同步电网网架不断加强，结构不断优化，提升电源送出能力，保证受端落地，满足负荷增长需求，优化电网结构，促进可再生能源消纳。华北电网增强冀北、山西输电能力，优化山东电源输送通道。东北电网加强吉林西部、辽宁西部、黑龙江与蒙东电网联络，提高电网运行可靠性。华东电网加强皖南网架结构，优化特高压受端通道，提升清洁能源消纳能力。华中电网加强湖北、江西中部网架输电能力，满足新增负荷需要。西北电网优化 750kV 骨干网架，提升风电送出水平。川渝加强网架建设，满足未来西南电网水电送出需求。南方电网和云南电网持续优化“西电东送”通道，满足东部新增负荷需求。

配网发展方面，通过建设世界一流城市配电网和城市电网可靠性提升工程等项目，打造安全可靠、优质高效、绿色低碳、智能互动的世界一流城市配电网，提升城市配电网供电能力。通过小康用电示范县、农村电网升级改造等项目，加快城乡电力一体化、均等化、现代化，为脱贫攻坚提供电力保障。

运行交易方面，全国电网总体保持安全稳定运行，大范围配置能源的作用进一步发挥，新能源消纳能力显著提升，跨省跨区电力交易电量快速增加，市场在配置资源中的主导作用充分体现。

电网经营方面，全国单位电网投资增售电量增速明显，单位电网投资增供负荷有所回升。随着电网服务能源转型发展、服务城乡均衡发展、提升普遍服务水平等工作的推进，电网投资效益效率越来越得到重视，电网经营将向高质量发展转型。

3

电网技术

本章主要跟踪分析 2017 年以来国内外在输变电、配用电、储能、基础支撑技术和装备的研究进展和应用情况。

3.1 输变电技术

随着电力科技创新的加快，近年来在特高压输电、柔性直流输电、统一潮流控制器、虚拟同步机等技术方面取得一系列突破性进展。特高压输电方面，特高压穿墙套管、GIL 成套设备技术成功研发；柔性直流输电方面，世界首个柔性直流输电工程与混合柔性直流输电工程开始建设，特高压柔性直流输电换流阀研制成功，机械式高压直流断路器成功挂网运行；500kV 统一潮流控制器示范工程投运；国家风光储输示范工程虚拟同步机示范项目投运。

3.1.1 特高压输电技术

中国特高压输电技术不断取得新突破，已处于世界领先水平。2017 年 12 月，由国家电网公司与巴西国家电力公司联合投资建设的巴西美丽山±800kV 特高压直流输电一期工程投运，标志着中国“走出去”的首个特高压项目正式投入商业运行。目前，特高压直流穿墙套管、特高压交流 GIL 设备技术均取得重大进展。

（一）世界首支±1100kV 直流穿墙套管研制成功

特高压直流穿墙套管是特高压直流输电工程的核心设备，用于阀厅内部和外部输变电设备的电气连接，具有承载电压高、输送容量大、应用工况复杂、可靠性要求高等特点，具备对墙绝缘和载流能力。穿墙套管结构如图 3 - 1 所示，由两根复合绝缘子、支撑金属外壳和电连接金属导体三部分组成。

中国成功研制±1100kV 直流穿墙套管，突破了特高压直流输电技术瓶颈。±1100kV 特高压直流输电以其输电距离远、输送容量大、输电损耗低等突出优点，成为支撑更远距离、更大规模输电的核心技术，而制约瓶颈主要是单体

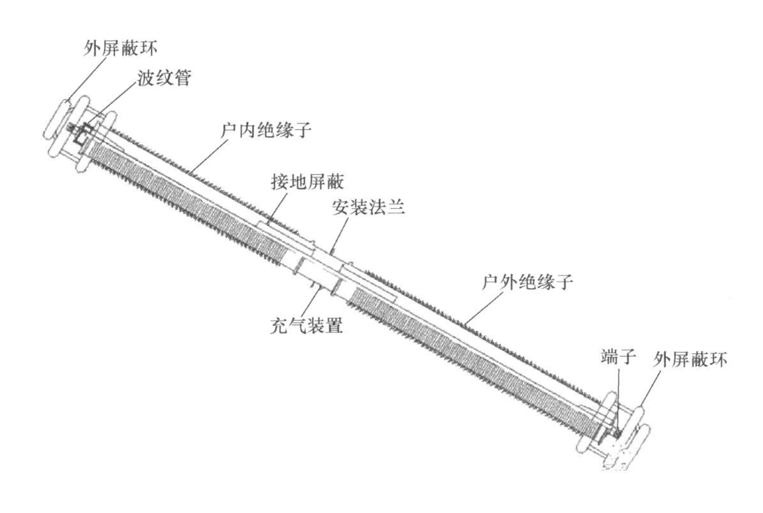

图 3-1　穿墙套管结构图

承载着全系统电压和电流的穿墙套管。2017 年 5 月，±1100kV 特高压直流穿墙套管方面取得重要进展，我国全面掌握了超长载流结构设计、多物理场耦合仿真、直流环氧材料配方开发、超大型变径套管制造等核心技术。图 3-2 为±1000kV 级直流纯 SF_6 气体绝缘穿墙套管样机。该项目成功研制了世界首支"环氧芯体 SF_6 气体复合绝缘"和"纯 SF_6 气体绝缘"绝缘结构的±1100kV/5523A 直流穿墙套管；开发了具有自主知识产权的套管用绝缘材料配方体系，攻克了超大型环氧芯体无气泡浸渍技术和固化过程热应力抑制技术难题；建立了±1100kV 特高压直流穿墙套管电、热及机械性能综合试验平台和试验技术体系，在国际上率先完成了两种结构的±1100kV 直流穿墙套管全套试验。

该产品将在世界首个±1100kV 特高压直流输电工程昌吉—古泉特高压直流工程挂网运行。

（二）特高压苏通 GIL 综合管廊工程正式贯通

GIL 即气体绝缘金属封闭输电线路，是一种采用六氟化硫（SF_6）或其他气体绝缘、外壳与导体同轴布置的高电压、大电流、长距离电力传输设备。与常规电缆相比，GIL 具有传输容量大、损耗小、不受环境影响、运行可靠性高、节省占地等显著优点，尤其适合作为架空输电方式或电缆送电受限情况下

图 3-2 ±1000kV 级直流纯 SF_6 气体绝缘穿墙套管

的补充输电技术。特高压 GIL 技术难度大、可靠性要求高，国际上没有成熟标准和现成设备。图 3-3 为特高压 GIL 内部机构，由中心导体、绝缘子、外壳及外壳与导体间的绝缘气体构成，其中绝缘子有柱式和盆式等类型。

1100kV GIL主要技术参数

序号	名称		参数值	单位
1	额定电压		1100	kV
2	额定电流		6300	A
3	额定雷电冲击耐受电压峰值		2400	kV
4	额定操作冲击耐受电压峰值		1800	kV
5	额定短时耐受电流及持续时间		63/2	kA/s
6	额定峰值耐受电流		171	kA
7	SF_6气体漏气率	试验形态长度>15m	≤0.01	%/年
		试验形态长度≤15m	≤0.1	

图 3-3 特高压 GIL 内部机构

目前，中国已获得 GIL 典型绝缘结构下 SF_6/N_2 混合气体的绝缘特性，成功研制 1100kV/6300A 特高压交流 GIL 样机，掌握特高压交流 GIL 绝缘结构设计、长管道制造、微粒捕捉、多角度补偿、标准模块化设计五大核心技术。

2018 年 3 月，国家电网公司成功研制世界首台特高压 GIL。图 3-4 为苏通 GIL 管廊局部和内部布置。

2018 年 8 月 21 日，淮南—南京—上海 1000kV 特高压交流输变电工程苏通 GIL 综合管廊工程盾构隧道正式贯通，2019 年电气部分将建成投运。

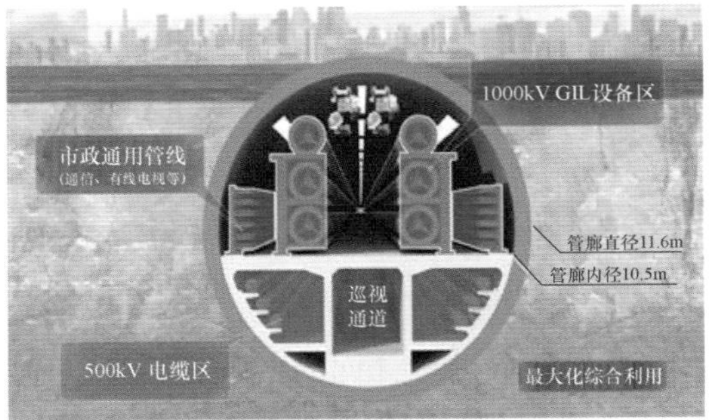

图 3-4　淮南—南京—上海 1000kV 特高压交流输变电工程苏通 GIL 综合管廊局部和内部布置

3.1.2　柔性直流输电技术

柔性直流输电 VSC-HVDC 指的是基于电压源换流器 VSC（voltage sourced converter）的高压直流输电技术（high voltage DC transmission，HVDC）。该技术原理如图 3-5 所示。柔性直流输电系统由送端换流站、受端换流站及控制保护系统构成。两端换流站均采用基于全控电力电子器件（如 IGBT）的 VSC 组成，通过调节两端 VSC 输出电压的幅值和与系统电压之间的功角差，可以独立地控制输出有功功率和无功功率，实现两个交流网络之间有功功率的相互传送，同时两端换流站还可以独立调节各自所吸收或发出的无功功率，从而对所联的交流系统给予无功支撑。

基于柔性直流输电技术构建的直流电网，可实现多电源供电、多落点受电和新能源孤岛接入，具有更好的经济性和灵活性，能够将风电、光伏、抽水蓄能与负荷中心直接连接，构成多种形态灵活互补的能源互联网，可有效平抑新能源出力波动。此外，直流电网还可以实现故障的快速切除和隔离，大幅提高

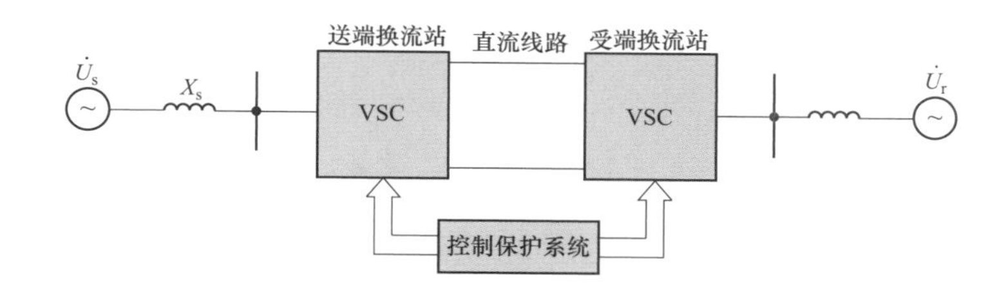

图 3-5　柔性直流输电系统示意图

送电的可靠性。目前，多端柔性直流技术、特高压柔性直流换流阀、高压直流断路器等技术均取得重大进展。

（一）柔性直流电网试验示范工程

张北可再生能源柔性直流电网试验示范工程是世界首个柔性直流电网工程，是国家电网公司服务能源清洁低碳发展的重大工程。工程额定电压±500kV，建设666km±500kV直流输电线路，新建张北、康保、丰宁和北京4座换流站，总换流容量900万kW。该工程是集大规模可再生能源的友好接入、多种形态能源互补和灵活消纳、直流电网构建等为一体的重大科技试验示范工程。工程核心技术和关键设备均为国际首创，将创造12项世界第一，创新引领和示范意义重大。工程将在世界上率先研究直流电网技术，首次建设四端柔性直流环形电网，将柔性直流输电电压提升至±500kV，单换流器额定容量提升到150万kW，首次研制并应用直流断路器、换流阀、控制保护等直流电网关键设备。

（二）特高压多端直流示范工程

2018年5月15日，四川省乌东德电站送电广东广西特高压多端直流示范工程（简称“昆柳龙直流工程”）建设全面启动。该工程西起云南昆北换流站，东至广西柳北换流站、广东龙门换流站，采用的是±800kV三端混合直流技术，新增换流容量1600万kW，建设±800kV直流输电线路1489km，输电容量为云南送端800万kW，受端为广西300万kW、广东500万kW，总投资约242.5亿元。工程计划于2020年投产。工程采用多端技术，对于大规模电源送出实现受端多点分散接入、节约通道走廊、优化电网结构、提高受端电网安全稳定水平具有重大示范作用。

该工程的建设将有利于我国占领特高压多端、柔性直流输电技术制高点，从长远看，将为未来大规模可再生能源基地的开发与并网提供强有力的技术支撑。

（三）特高压柔性直流换流阀

换流阀是直流输电的心脏，用于实现交流与直流之间的相互转换，其造价占换流站成套设备总价的22%～25%。柔性直流换流阀，相比于常规直流输电换流阀具备自换相能力，可直接连接新能源发电站。

2017 年 5 月，中国特变电工成功研制出世界首个特高压柔性直流换流阀。图 3 - 6 所示为±800kV 特高压柔性直流换流阀装置。从关键技术、装备、工程集成等方面进行全面深入研究、分析和论证，进而成功研制出特高压柔性直流换流阀。这标志着国际上首次将直流输电电压从现有的最高等级±350kV 提高到±800kV 特高压等级，送电容量从现有的最高 100 万 kW 等级提升至 500 万 kW 等级。该产品整体采用双列塔结构，长 8.76m，宽 7.34m，高 15.91m，重 70t，由 12 个阀段组成，每个阀段 6 个功率模块。

图 3 - 6　±800kV 特高压柔性直流换流阀

在设计制造过程中，攻克了原理设计、绝缘要求、抗震等级要求等一系列技术难关。通过研发无闭锁架空柔性直流输电系列技术，并配套地在每个桥臂上采用半桥功率模块与全桥功率模块混联的技术，成功解决了柔性直流输电系统应用于架空输电线路时存在的直流故障自清除与系统重启动、降直流电压运行、阀组在线投退三大难题。相比于常规特高压直流，特高压柔性直流输电应用于传输新能源发电时，无需为了给换流器提供工作电压而配套建设容量达新能源发电 3 倍的火电机组，从而大大降低新能源发电输送系统的整体成本，有助于将清洁能源传输得更远、更平稳。

（四）机械式高压直流断路器

机械式高压直流断路器拓扑结构原理图如图 3－7 所示。通常由真空断口（VCB）、电感（L）和电容（C）组成的串联谐振辅助电路、避雷器（MOV）等部分组成。

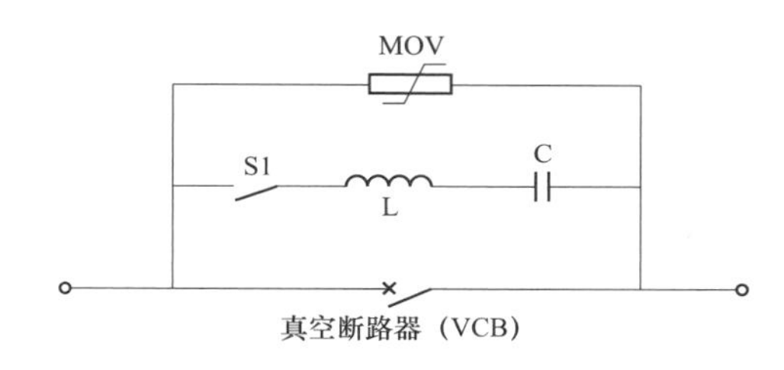

图 3－7　机械式高压直流断路器拓扑结构原理

2017 年 12 月，世界首台机械式高压直流断路器在南方电网±160kV 南澳多端柔性直流输电系统中成功挂网运行。该±160kV 机械式高压直流断路器装备（见图 3－8）基于耦合式高频人工过零技术实现双向直流电流的快速开断，具备 0～9kA 电流的双向开断能力，开断时间为 3.5ms。

3.1.3　统一潮流控制器

统一潮流控制器（unified power flow controller，UPFC）是基于电压源换流器（voltage source converter，VSC）的串、并联混合型柔性输电装置。原理如图 3－9 所示，串联侧 VSC 和并联侧 VSC 通过公共直流母线连接成背靠背的形式，能同时实现有功功率、无功功率、电压这三个基本状态量的灵活可控。

UPFC 主要功能包括：控制线路潮流，实现经济运行；优化系统无功，提高电压稳定性；改善系统阻尼，提高功角稳定性。

图 3-8 ±160kV 机械式高压直流断路器实际工程

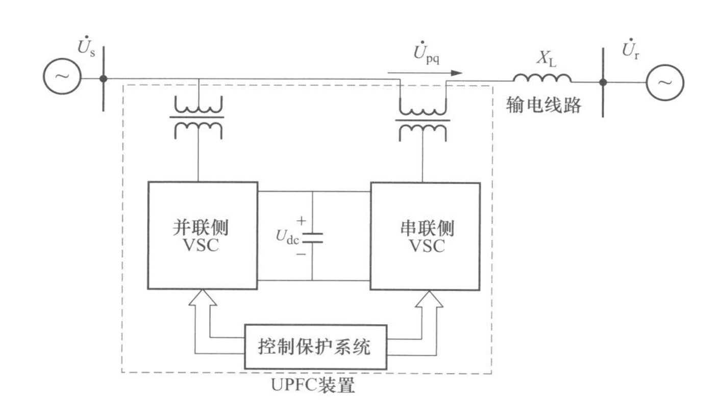

图 3-9 UPFC 装置原理

2017 年 12 月，江苏苏州南部电网 500kV 统一潮流控制器科技示范工程正式投运，站址位于 500kV 木渎变电站北侧，最大可提高苏州南部电网供电能力约 130 万 kW。500kV UPFC 工程鸟瞰图如图 3-10 所示，该工程是世界上电压等级最高、容量最大的 UPFC 工程，拓扑结构由模块化多电平换流器（modular multilevel converter，MMC）组成，串联侧 VSC 容量为 2×250MV•A，并联侧 VSC 容量为 1×250MV•A，相应的串联侧变压器容量为 2×300MV•A，并联侧变压器容量为 1×300MV•A。

图 3-10 500kV UPFC 工程鸟瞰图

3.1.4 虚拟同步机技术

新能源虚拟同步机技术主要是指在风电、光伏等新能源并网的逆变器直流侧引入适量的储能单元，并在逆变器控制中集成传统同步发电机模型，使风电、光伏等新能源机组等效常规同步发电机运行特征，主动支撑电网频率、电压稳定，实现清洁能源友好并网，是未来新能源技术的发展方向之一。

中国国家风光储输示范工程虚拟同步机于 2017 年 12 月 27 日正式投运。在虚拟同步机抑制系统振荡、大容量变流器低电压穿越等方面取得 12 项关键技术突破，建成投运风电、光伏和电站式三类虚拟同步机，完成世界首次基于虚拟同步机的新能源电站黑启动试验，提出储能优化工程配置方案和风机转速综合恢复策略，形成风储配合的应用模式。

该技术原理是风机虚拟同步发电机、光伏虚拟同步发电机、电站式虚拟同步发电机三类技术联合作用，使风光发电站的整体输出外特性接近火电机组。

其中，风机虚拟同步发电机基于虚拟同步机技术，应用新型风机逆变器控制系统，利用风机叶轮转动惯量提供调频所需能量，使风机具备惯性阻尼、一次调频及调压能力，见图 3-11。与常规风机相比，应用该技术仅需对控制软件进行升级，将风机传统逆变器升级为虚拟同步逆变器。工程共改造 173 台风机，共 435.5MW，占风光储基地风电装机容量的 97.5%。

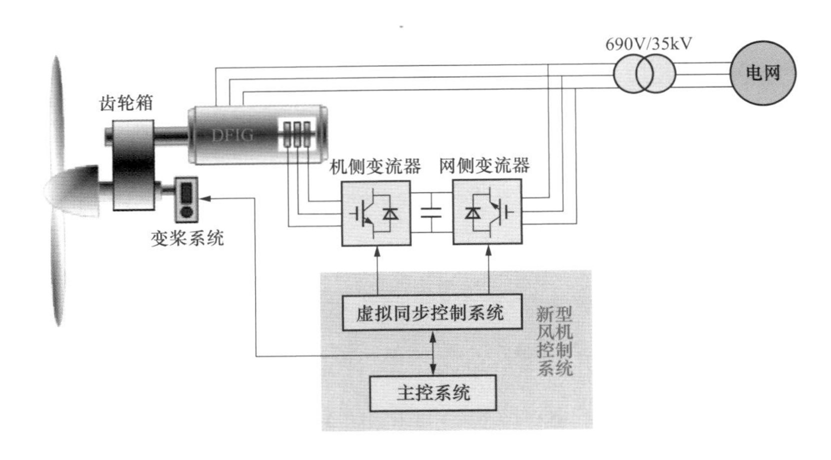

图 3-11　风机虚拟同步发电机方案示意图

光伏虚拟同步发电机基于虚拟同步机技术，应用新型光伏逆变器控制系统，在直流侧配置电池储能单元以提供调频所需能量，使光伏系统具备惯性阻尼、一次调频及调压功能，见图 3-12。与常规光伏相比，应用该技术需要将传统逆变器升级为虚拟同步逆变器，并增加电池储能单元。工程共改造 24 台光伏逆变器，共 12MW，占风光储基地光伏总容量的 12%。

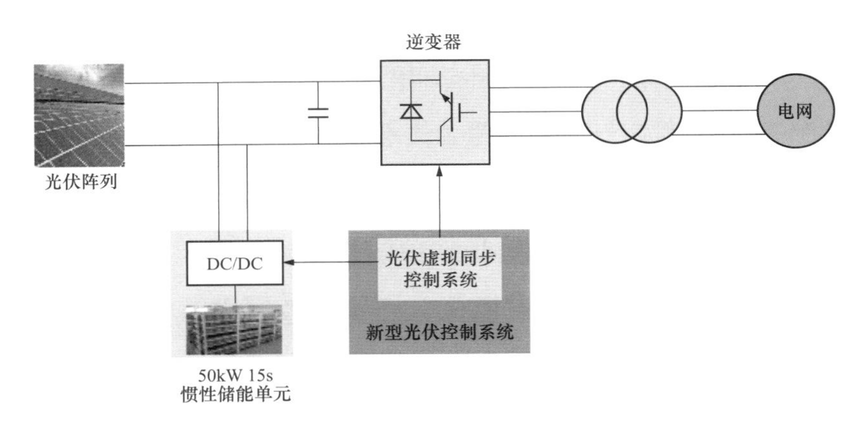

图 3-12　光伏虚拟同步发电机方案示意图

电站式虚拟同步发电机由虚拟同步逆变器及电池储能单元组成，安装在新能源电站的并网点，提升整站同步外特性，见图 3 - 13。针对未能改造的100MW 新能源装机，按照 10%惯性容量配比，新建 2 台电站式虚拟同步发电机，共 10MW。

图 3 - 13　电站式虚拟同步发电机方案示意图

3.2　配用电技术

近年来，配用电技术快速发展，交直流配电网、主动配电网、柔性变电站、电动汽车 V2G 等技术和理念不断出现，相关示范工程在世界各国逐步开展。智能柔性直流配电网示范工程成功投运；“集成可再生能源的主动配电网研究及示范”工程正式投产；柔性变电站成功并网运行；德国、日本、丹麦和中国等国逐步开展 V2G 技术的试点示范工作。

3.2.1　交直流混合配电网

交直流混合配电网是指交流和直流混合在一起的配电网络。相比于交流配电网，由于分布式电源接入需通过电力电子设备进行能源转换来实现，直流配电网转换次数少，成本低，效率更高。但考虑到交流配电网基础设施完善，直流配电网仍难以替代交流配电网。为充分发挥交流和直流配电网各自优点，交直流混合配电网是未来配电网的重要发展方向，图 3-14 所示为交直流混合配电网的典型架构。交直流混合配电网可根据所接入装置输出特性，确定是以交流或直流方式接入，也能够更有效地均衡考虑直流负荷和交流负荷的用电需求，进一步提高配电网的能源利用效率。

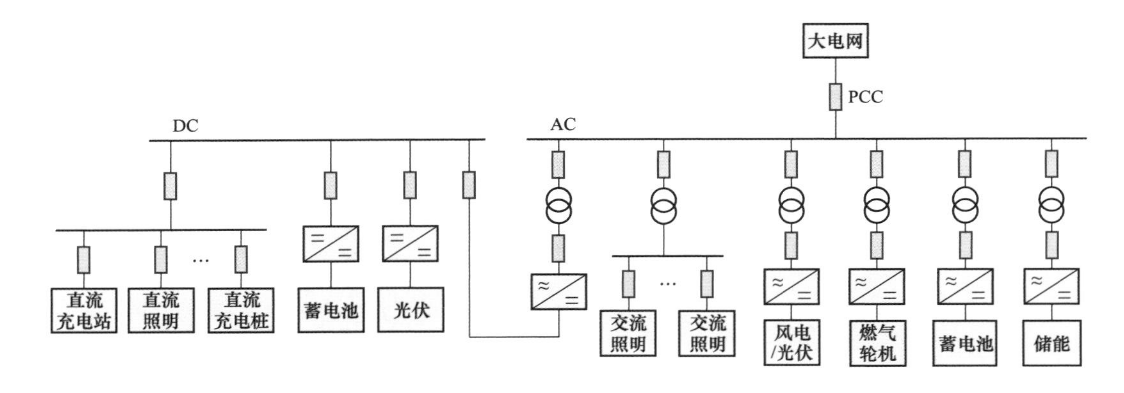

图 3-14　交直流混合配电网典型架构

2018 年 8 月 29 日，智能柔性直流配电网示范工程在浙江杭州江东新城顺利通过试运行考验，经功能升级后正式投入运行。杭州江东新城智能柔性直流配电网工程通过采用区域协调控制、故障快速定位及隔离保护等技术，实现多路电源同时为用户供电，确保单路电源故障情况下负荷安全经济转移。同时，该工程可采用直流供电模式，在不影响电网电能质量的情况下，为 10km 外用户提供供电服务。

该示范工程采用模块化、标准化的设计原则，共计 4 个集装箱模块，直流主接线采用伪双极接线方式。柔直换流站自动化系统的设备配置和功能按无人值班模式设计，该系统符合 DL/T 860 标准要求，在功能逻辑上由站控层、间隔层组成。站控层由智能柔直换流站一体化监控主机、数据服务器、综合应用服务器等设备构成，提供站内运行的人机联系界面，实现管理控制间隔层、过程层设备等功能，形成全站监控、管理中心，并与远方监控/调度中心通信。间隔层由保护、测控、计量、录波等若干个二次子系统组成，在站控层网络失效的情况下，仍能独立完成间隔层设备的就地监控功能。

3.2.2 主动配电网

主动配电网是指在灵活的网络结构下协调分布式发电、主动负荷和储能三者的运行，在ICT系统、智能控制装置、成本效益模式的基础上，充分利用现有资源（网络、DG、储能、主动负荷），对扩容改造和主动控制进行权衡，对分布式能源各种系统组合，目的是最大可能地利用现有资产和基础设施，满足负荷的发展和分布式能源接入的需求，使设备比过去在更接近其物理极限条件下工作。

对于电网企业，主动配电网使电网运行、控制更加高效。传统配电网在电力调节、控制上限制了对分布式电源的接纳能力。当分布式电源增多到一定的程度，传统配电网的接纳能力受到“挑战”，就会影响传统配电网的特性。这意味着，传统配电网的保护、控制策略将失效，电网的供电可靠性将受到影响。而主动配电网，会采取积极、主动控制和管理方法，形成分布式电源和配电网协调运行的格局，可减少停电时间，缩小停电面积，提升终端能源的利用效率。对用户来说，可以参与用电管理，让电网进行用电调配，而在电网负荷较低时，自由支配用电需求，最大限度地减少电费支出。

2017年1月，国家863项目“集成可再生能源的主动配电网研究及示范”工程正式投产（见图3-15）。该示范区位于贵阳市清镇市区红枫湖风景区东岸，示范区域覆盖1座110kV变电站、2座35kV变电站和1座接入10kV的水电站的10回10kV出线，配变压器300台以上，负荷20MW以上。供电区域面积约3.35km^2（折合约5000亩）。其中示范核心区域为贵州电网公司培训中心主校区，供电区域面积约18.9万m^2。

示范项目根据贵州分布式能源特点，采用电网供电、水电、冷热电三联供、风电、光伏发电、储能、电动汽车充电桩综合的多类型能源供给方式及负荷的主动管理，建成一套集风、光、水、气、储、充电设施及柔性负荷于一体的主动配电网，所有分布式电源均接入中低压配网。

图 3-15　集成可再生能源的主动配电网研究及示范项目工程鸟瞰图

该示范项目自 2017 年 1 月正式投产以来，供电可靠率从 99.82%提高到 99.99%，示范区分布式能源渗透率水平由传统配电网的 10%～20%提高到 30%。

3.2.3　柔性变电站

柔性变电站是电力电子技术与变配电技术的深度结合，以一次设备电力电子化、二次控制技术智能化为特征，通过调控电网状态参数，实现电网有功、无功、电压等精准实时控制；通过换流模块复用的一体化设计，实现交直流不同形式和电压等级的变换，满足不同形式的新能源以及多元负荷的高效灵活接入需求；融合定制供电技术，满足客户对电能质量的个性化需求。

柔性变电站原理示意图如图 3-16 所示。由电力电子变压器、固态断路器、母联柔性控制器等电力电子装置构成，可提高电网潮流调控能力，能实现多种新能源柔性接入、储能设备直接接入、直流负荷直供和多个柔性变电站之间互联，可作为交直流电网的枢纽，在实现交直流电网混联及交直流负荷混供的同时，可快速切除故障并自愈。

2018 年 1 月 7 日，柔性变电站在张北阿里巴巴数据港成功并网运行。小二台柔性变电站（见图 3-17）最高电压等级为 10kV，具备交流 10kV 及 380V、直流±10kV 及 750V 四个电压等级的独立端口，单端容量 5000kV·A，四个端口间潮流可自由灵活双向调节，可有效满足智能配电网灵活组网、多元负荷及新能源接入的需求。

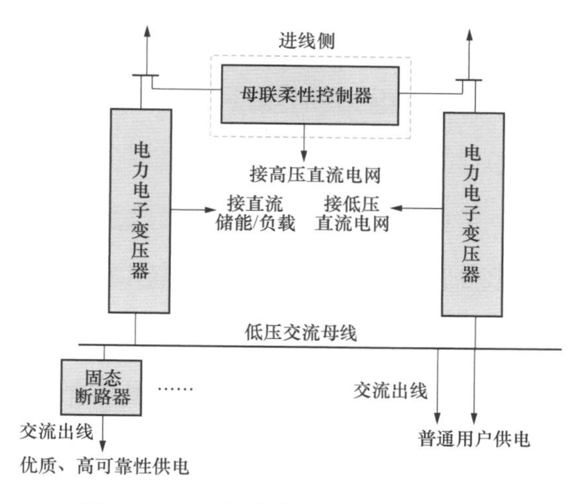

图 3-16 柔性变电站原理示意图

图 3-17 小二台柔性变电站装置

作为张北交直流配电网及柔性变电站示范工程的核心，小二台柔性变电站将阿里巴巴数据中心和亿利集团光伏扶贫电站连接，组成包含源、网、荷元素的交直流配电网，首次实现了智能电网与云计算产业的深度结合，为阿里巴巴云计算数据港提供直流 750V、直流 240V、交流 380V 等三种灵活的供电方式，实现了数据服务器、电动汽车充电桩、照明、制冷等多元负荷的直接灵活接入和高可靠供电。

3.2.4 V2G 技术

V2G 系统（vehicle to grid）由智能互动终端、储能双向变流器、并/离网自动切换装置组成，可实现电动汽车与电网间的能量互动。电动汽车具备用电负荷和储能装置的双重特性，可以参与电网的负荷调度，最大限度地促进可再生能源发电的消纳和利用。随着电力市场的不断开放，电动汽车参与辅助服务的机制将不断完善和深化。

V2G 技术将电动汽车与电网结合起来，当有多余的电能时，电动汽车对多余的电能进行存储；当电网紧急需要电能时，电动汽车可以使电能回馈给电网，保证电网的正常运行，起到削峰填谷的作用，改善电网电压质量、频率质量、波形质量。通过低谷低电价充电、高峰高电价放电，实现电动汽车的消费者与电网共赢。V2G 系统方案如图 3 - 18 所示。

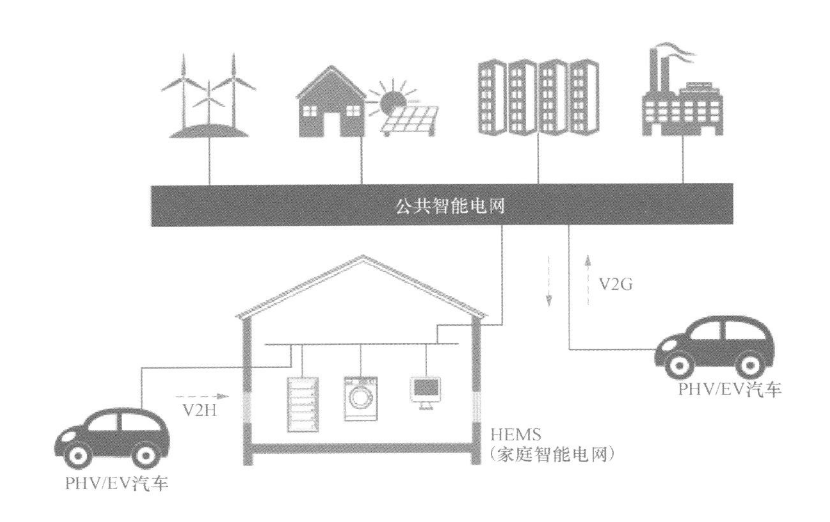

图 3 - 18　V2G 系统示意图

目前，国内外均开展了 V2G 技术的试点工作。美国 AC Propulsion 公司开展电机控制器与车载充放电机一体化集成技术研究，Charge Point 公司进行了 15 台电动公交车参与的 V2G 试点。丹麦 Dong 公司、德国西门子公司研究在风力强劲时使用停放的电动汽车存储多余的电能，提高风电消纳能力。日本日产公司推出 V2H 方案，利用聆风纯电动汽车向家庭供电，实现家庭用电的削峰填谷。上海静安艺阁小区和建平中学开展了 V2G 试点工程。青岛建成投运薛家岛充换储放一体化示范站，实现公交车备用电池、光伏系统和电网的能量互动。

上海试点工程效果表明：在配变容量不变情况下，有序充电可显著提升充电服务能力，其中静安艺阁小区充电服务车辆规模提升220%，充电电量提升224%；建平中学充电服务车辆规模提升106%，充电电量提升102%，为相同数量电动汽车提供充电服务，有序充电可有效减少配网增容带来的投资，该部分节约覆盖了有序充电相关投入，试点控制效果如图3-19所示。

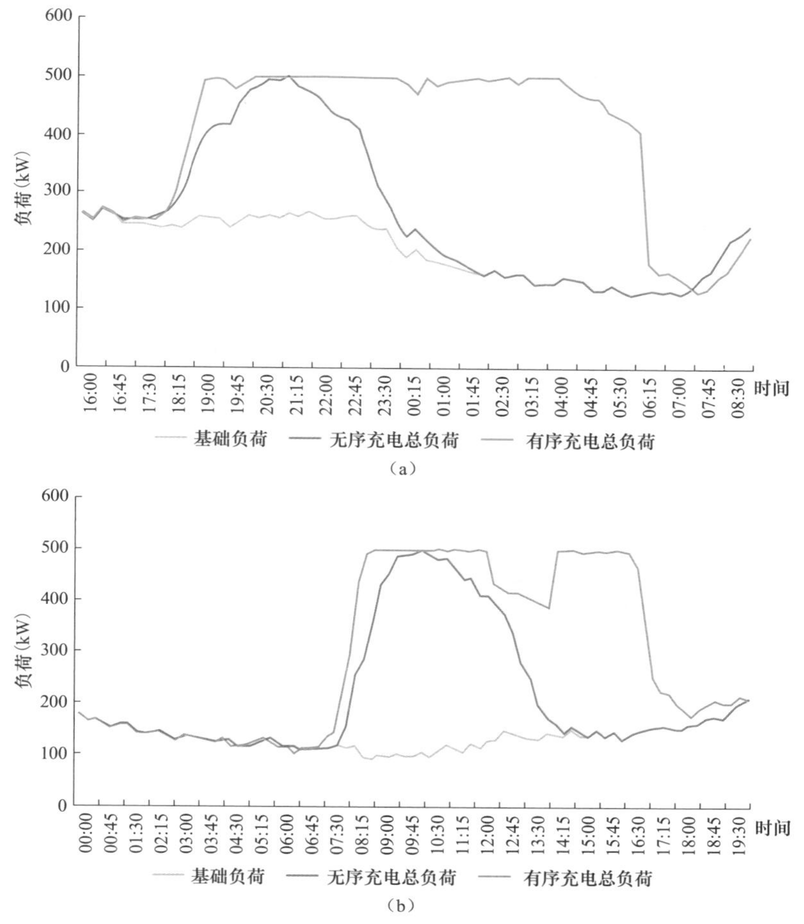

图3-19 上海静安艺阁小区和建平中学V2G示范项目负荷曲线

(a) 静安艺阁小区负荷曲线图；(b) 建平中学负荷曲线图

3.3 储能技术

储能技术的发展应用是我国“十三五”战略性新兴产业的发展重点之一，国家在多项政策文件中强调了储能的重要作用。在电力系统中，储能技术广泛应用于多项领域，目前在促进新能源消纳、电网侧及客户侧应用等领域开展了广泛的试点示范，部分已实现商业化运营。

3.3.1 液态压缩空气储能

液态压缩空气储能是将电能转化为液态空气的内能以实现能量存储的技术。液态空气储能见图 3-20。储能时，利用富余电能驱动电动机将空气压缩、冷却、液化后注入低温储罐储存；发电时，液态空气从储罐中引出，加压后送入蓄冷装置将冷量储存，并使空气升温气化，高压气态空气通过换热器进一步升温后进入膨胀机做功发电。由于液态空气的密度远大于气态空气，其储气室容积可减少为原来的 1/20 左右，大幅压缩系统占地面积，综合成本有下降的空间。但由于系统增加液化冷却和气化加热过程，增加了额外损耗。

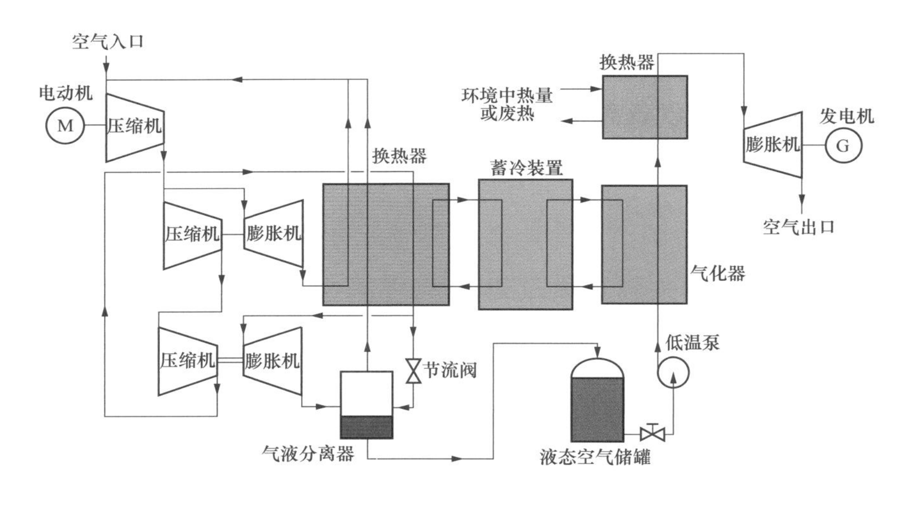

图 3-20　液态空气储能

全球首个液态空气储能工厂在英国诞生，可促进可再生能源发展。液态空气储能技术是压缩空气储能技术的升级，具有经济性好、节省空间等优势，但低温冷却带来的成本挑战是需要解决的难题。2018 年 7 月，由英国 Highview Power 公司和伯明翰大学共同开发的全球首个液态空气储能工厂诞生于英国。该工厂装机 5MW，可储存 15MW·h 的电力，足够为 5000 个普通家庭提供连续 3h 的电力，同时还可以提供电网平衡和监管服务。该储能系统相比于其他大型电池造价便宜，运转时间高达 40 年，并且不受安装地点的限制，被定义为英国唯一可行且可长期使用的储能设施，助力英国可再生能源产业发展，并成为英国另一个无污染的发电选择。

3.3.2 锂离子电池

锂离子电池是目前比能量最高的实用二次电池，其材料种类丰富多样。具有储能密度高、功率密度高、效率高、应用范围广的优点，但安全性及循环寿命方面仍有待提高。目前以磷酸铁锂电池为代表的锂离子电池效率为 90%～95%，寿命一般为 3000～7000 次，成本为 2000～3000 元/（kW·h），相较于 2013 年成本下降约 50%，预计 2020 年成本达到 1000～1500 元/（kW·h）。

2018 年 7 月，江苏镇江电网储能电站示范工程并网投运，项目采用磷酸铁锂电池作为储能元件，总功率 101MW，总容量 202MW·h，总投资约 7.6 亿元，是全球容量最大的电化学储能电站、功能最全面的储能电站、毫秒级响应的源网荷储系统。该工程采用分散式布置、集中式控制方式在镇江大港新区、丹阳市和扬中市新建 8 个储能电站，利用退役变电站场地和在运变电站空余场地作为建设用地。采用“两充两放”模式参与到电网运行中，即每天充电两次，同时在一天两个用电高峰时将电能全部释放，用电高峰期可提供 40 万 kW·h 电能。该储能电站大规模存储和快速释放电能，能够填补电网常规控制方法的盲区，实现电能灵活调节和精确控制，对打造高端电网、构建新一代电力系统有示范作用。该储能电站还能发挥调峰调频、负荷响应、黑启动服务等作用，为缓解电力供需矛盾提供了新的绿色手段。

3.3.3 铅碳电池

铅碳电池是在传统铅酸电池的铅负极中以“内并”或“内混”的形式引入具有电容特性的碳材料而形成的新型储能装置，兼具传统铅酸电池与超级电容器的特点。具有充电倍率高、循环寿命长、安全性好、再生利用率高等优点，但使铅碳电池性能提升的关键碳材料的作用机制尚不明确，易产生负面效应。目前的效率为70%～85%，寿命一般为1000～3000次，成本为1000～1500元/（kW•h），相较于2013年成本下降约2/3，预计2020年成本为500～800元/（kW•h）。

2018年2月9日，无锡供电公司与浙江南都电源动力股份有限公司正式签订关于无锡新区星洲工业园储能系统项目的并网协议，标志着全国最大容量商业运行客户侧储能系统正式并网运行。该项目使用铅碳电池，充放电额定总功率20MW，电池容量160MW•h，寿命约4000天。同时安装了江苏省第一只储能用峰谷分时电价计量电表，是首个接入国网江苏省电力有限公司客户侧储能互动调度平台的大规模储能电站。该储能项目在配电侧为园区提供储能服务，结合分布式可再生能源与智能微电网技术，促进传统能源与新能源的协同。

3.3.4 动力电池梯次利用

汽车生产企业、电池生产企业与综合利用企业通过多方合作，开展退役动力电池多层次、多用途梯次利用和再生利用，可以促进生产、流通、消费过程的减量化、再利用和资源化，推动资源利用方式根本转变，能够降低综合能耗，提高能源利用效率。通过市场化合作开展梯次利用储能建设，火电发电商可以降低燃料成本和辅助服务成本；可再生能源发电商可以减少弃风弃光，提高经济和环境效益；电力用户可以降低容量电费成本、能量电费成本，并提高供电可靠性；电网公司可以提高输配电线路负载率，降低局部地区高峰供电压力，避免或延缓输配电投资。

2018 年 9 月，目前国内最大梯次储能项目（1MW/7MW•h）在南通如东成功投运，标志着国内梯次储能项目正式进入商业化运营阶段。项目利用江苏省峰谷价差优势，采用削峰填谷为主、需量调控为辅的控制策略用于白天生产照明，作为公司生产可靠用电的补充方式，谷电价阶段厂区供电系统向储能系统充电，峰电价阶段储能系统向厂区负载供电，以合同能源管理的商务模式跟客户分享峰谷价差带来的收益。同年，中国铁塔公司在黑龙江等 9 省市建设了 57 个退役动力电池梯级利用试验站点，用于备用电源、削峰填谷、微电网等场景。

3.4 基础支撑技术

在“大、云、物、移、智”等技术的持续驱动下，电网基础支撑技术也快速突破。包括：世界最大规模“虚拟电厂”正式投运；新一代电力系统数模混合仿真平台投入使用；大数据、人工智能技术在电力系统中的应用不断深化；区块链技术在电子商务、电力交易和能源供应链管理等领域开始试验性部署。

3.4.1 源网荷储协调技术

新一代电力系统中，各类电源、电网、需求侧资源与储能之间将存在更多协调互动，以灵活高效的方式共同推动电力系统优化运行。源网荷储系统是一种包含电源、电网、负荷、储能整体解决方案的运营模式，可精准控制可中断用电负荷和储能资源，提高电网安全运行水平，解决清洁能源消纳过程中的电网波动性等问题。其中，源一源互补指不同电源之间的有效协调互补，通过灵活发电资源与清洁能源之间的协调互补形成多能聚合的能源供应体系。源一网协调要求提高电网对多元化电源的接纳能力，利用先进调控技术将能源供应进行优化组合，突出不同组合之间的互补协调性。网一荷一储互动将需求侧资源作为与供应侧相对等的资源参与到系统调控运行中，结合储能侧充放电，进一步增强新能源消纳能力。

中国建成世界最大规模“虚拟电厂”参与大电网安全保护。2017 年 5 月 24 日，江苏投运大规模源网荷友好互动系统。借助“互联网+”技术和智能电网技术的有机融合，将零散分布、不可控的负荷资源转化为可精准实时控制的“虚拟电厂”资源，在清洁电源出力波动、突发自然灾害特别是用电高峰时段突发电源或电网紧急事故时，有力保障电力供需平衡。该系统在硬件方面，建成了具有研判决策和执行功能的调度主站、营销主站，在苏州换流站和客户侧两端分别安装了故障检测装置和互动终端装置等；在软件方面，通过对负荷资源的分类、分级、分区域管理，实现电网、负荷、储能等资源的互济协调，并将电网故障应急处置分为状态感知、优化决策、协调控制和有序恢复四个阶段，分别制订处置策略。

2018 年 6 月 21 日，江苏镇江丹阳建山储能电站正式并网运行，作为江苏大规模源网荷储友好互动系统的重要组成部分，将为江苏电网安全可靠运行、新能源的合理配置与完全消纳发挥积极作用。该储能电站配备智能网荷互动终端、防孤岛保护和频率电压紧急控制系统等设备，通过建立源网荷储友好互动系统，将事故应急处理时间从原先的分钟级提升至毫秒级，实现故障的快速切除，确保电网安全。

3.4.2 大电网建模仿真技术

为实现交/直流大电网运行特性和动态变化的精确模拟，兼有物理和数字仿真技术特点的电力系统数模混合仿真技术得到广泛关注和迅速发展。为满足未来电网对仿真精度的要求，并具备支撑电网安全稳定运行的能力，新一代电力系统数模混合仿真平台的仿真规模，以及可接入大规模保护装置的技术能力需满足更高的要求，对应的总体架构如图 3-21 所示，其核心是机电、电磁暂态数字实时仿真装置，通过数模混合接口与实际直流输电控保装置、交/直流协调控制装置、灵活交流系统控制器、新能源控制器等多种控制器连接，形成闭环大电网实时仿真。

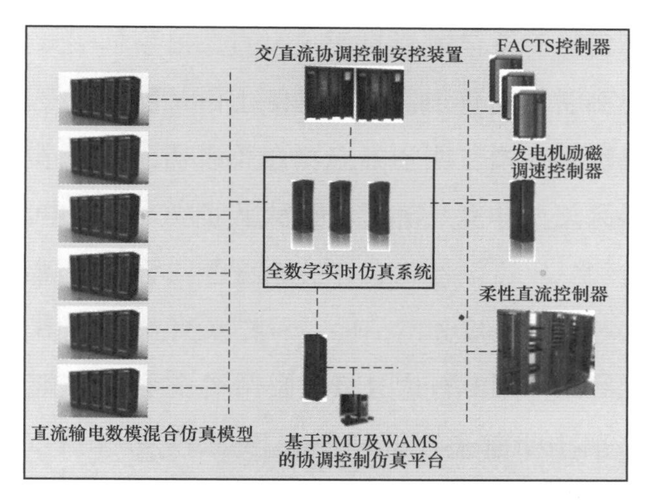

图 3-21 新一代电力系统数模混合仿真平台架构示意图

2017 年 4 月 7 日，作为国内最大的电网仿真计算平台，国内领先的基于液冷方案的超级计算集群——国家电网仿真中心超级计算系统项目测试及验收顺利通过。国家电网仿真中心超级计算系统是国家电网公司新一代仿真平台中数字混合仿真平台的核心系统，于 2016 年 12 月完成建设，并通过了 3 个月的试运行期，实物如图 3-22 所示。该系统采用先进的 CPU 液冷技术和 100G 超高速网络互联技术，共 24 000 个 CPU 核，理论峰值计算能力超过每秒 900 万亿次，是世界首个电力系统专用的超算中心，具备海量的电网仿真计算能力。

图 3-22 国家电网仿真中心超级计算系统

3.4.3 大数据分析技术

国家电网公司在电网生产、经营管理和优质服务 3 大领域全面推进大数据应用建设，服务于政府决策、社会用户、管理提升、安全保电等应用，提升公司数据应用水平，深化数据价值挖掘，创新服务模式。在电网生产领域，用于配网设备预警分析和变压器设备状态评价；在经营管理领域，大数据主要用于防窃电预警分析、政策性电价和清洁能源补贴执行效果评估分析；在优质服务领域，用于电力经济用户用电行为分析，案例展示见图 3－23～图 3－25。

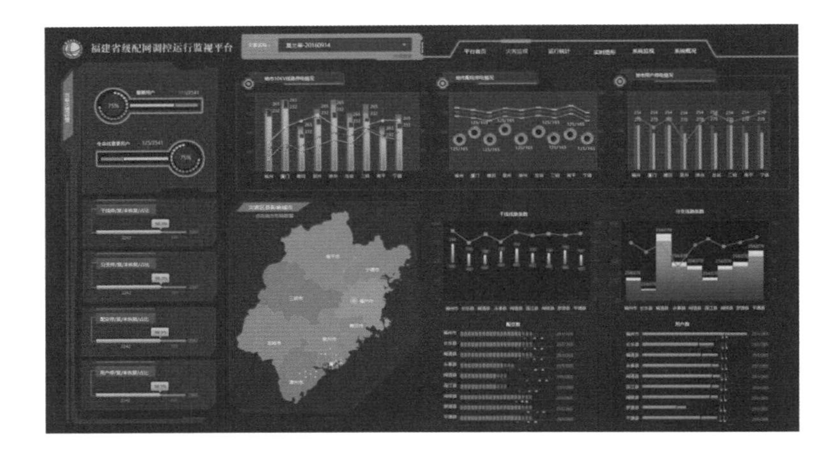

图 3－23　灾害监测场景展示

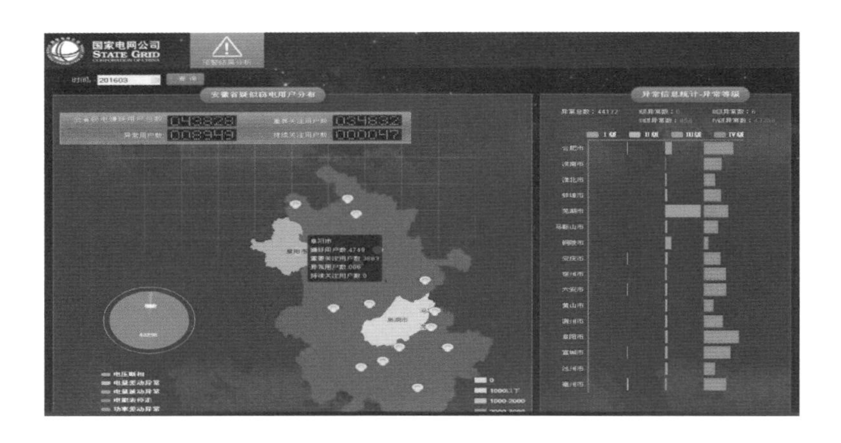

图 3－24　疑似窃电用户分布情况

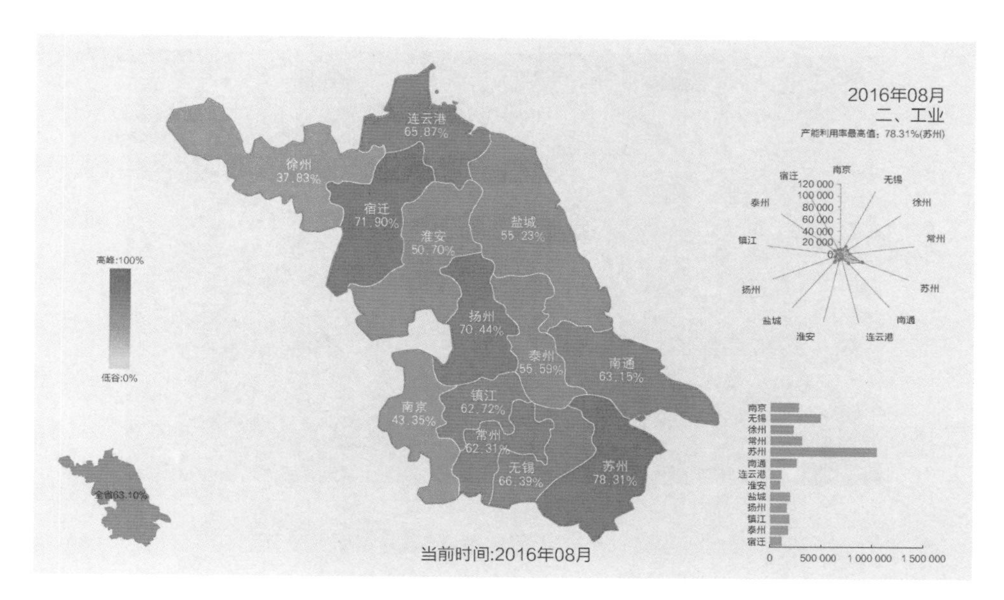

图 3-25　产能利用情况

除此之外，大数据技术还在新能源发电、电动汽车、储能等场景进行了大规模应用，投入应用的平台包括国网光伏云网 2.0、青海新能源大数据创新平台、江苏新能源发电数据中心、智慧车联网平台、储能云等。

2016 年，智慧车联网平台 3.0 上线运行，通过云部署构建基础支撑平台，实现资源监控、业务运营、充电服务、租赁服务和增值服务 5 大功能。截至 2017 年 8 月，国家电网公司智慧车联网平台已与国内 17 家充电运营商，如普天新能源、特来电、星星充电等实现信息互联互通，平台可为用户提供专业可靠、智能高效、快速便捷的“一站式”充电服务；智能引导用户充电行为，促进互联互通与数据融合；构建共享共赢的电动汽车产业生态链，与电动汽车产业链上下游企业开展深度合作，深入开展智能化增值服务，助力智慧交通网发展。国家电网公司智慧车联网平台见图 3-26。

2017 年 4 月，国网光伏云网 1.0 上线运行，构建了开放共享的新生态，开创了阳光扶贫新模式，为光伏企业和广大用户提供“科技＋服务＋金融”一站式全业务、全流程综合服务。

2018 年 1 月，青海新能源大数据创新平台正式运营。该平台以数据为基

图 3-26　国家电网公司智慧车联网平台

础，聚焦新能源产业链，打造平台服务、应用服务和业务服务能力，为政府、发电企业、电网企业、新能源设备制造商及建设运维企业等全产业链，在新能源规划、建设、运营、检修、设备评估等全寿命周期管理中，提供数据挖掘分析、应用支撑、金融保理等大数据服务。

2018 年 3 月，国网智慧车联网·储能云顺利上线，既能够以电网系统优势，探索研究建立储能控制策略、商业模式，推动储能政策机制落地，又能集合分布式储能资源，实现集合效益，响应需求调度，绿电交易，辅助支撑电网稳定、安全、可靠运行，促进电网系统有序发展。

2018 年 5 月，国网江苏电力新能源发电数据中心投入使用，实现对全省 1500 万 kW 新能源运行状态的全面监测，并对新能源场站线路及单个发电单元运行机组进行评估。

3.4.4　人工智能技术

新一代的人工智能技术以大数据、智能基础算法和高性能计算为基础支撑，以机器学习、图像识别、语音识别、自然语言理解、预测技术等为核心技术，以智能传感、无人机、机器人、增强现实等为应用终端，细化了电力系统的应用场景，全面深化了电力系统的运营模式，使得电力系统的运行更加高效与经济。

2017年底，为了提升输电、变电、配电、用电等环节智能化运行和管理水平，具备开展基于人工智能技术的输变电设备智能化巡检、状态感知、安全预警和故障诊断技术，以及用电客服人机交互智能技术等方面的实验研究能力，国家电网公司成立了由联研院牵头，国网信产集团、国网山西电力、国网山东电力、国网江苏电力共同组建的电力系统人工智能联合实验室。

2018年初，国家电网公司新一代电力人工智能科技专项第一批项目陆续启动。覆盖基础共性技术、电网安全与控制、输变电、配用电、新能源、电网企业管理等六大领域。该批项目致力于解决上述领域最迫切，人工智能技术层面相对最成熟的一些重大需求。

2018年6月，由全球能源互联网研究院有限公司开发的输电线路巡视图像（视频）智能分析系统研制成功，是行业内首个基于异构计算、可定制深度学习技术的智能分析系统，可通过对输电线路巡检图像/视频的智能分析，自动识别常见的输电线路缺陷。图3-27为输电线路巡视图像（视频）智能分析系统应用场景。

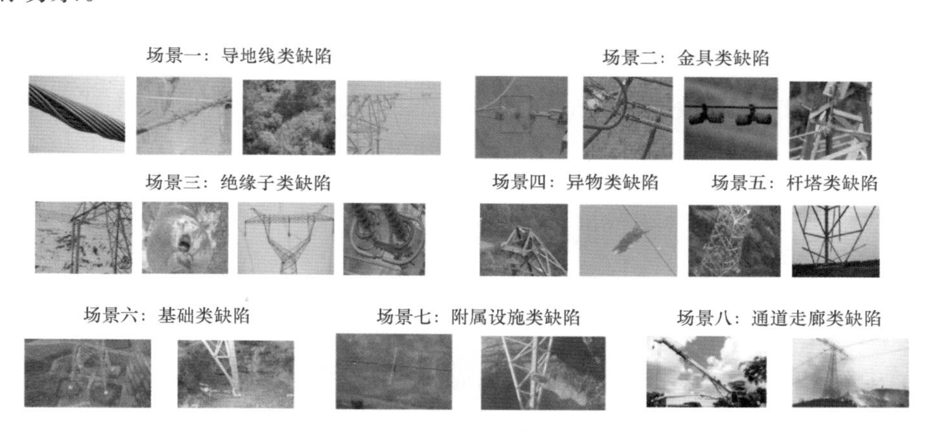

图3-27　输电线路巡视图像（视频）智能分析系统应用场景

3.4.5 区块链技术

区块链是一个由不同节点共同参与的分布式数据库系统，具备去中心化、去中介化的重要特性。结合能源系统而言，区块链降低交易成本，尤其是能源交易的制度性成本。在能源行业得以应用，将极大地改变能源系统生产、交易模式。交易主体可以越过庞大的电网系统，点对点实现能源产品生产、交易、能源基础设施共享。

雄安已经在区块链应用方面付诸实践。中国雄安集团推出了雄安区块链资金管理平台，通过该平台，企业与总包商之间、总包商与分包商之间、分包商与施工人员之间所有的合同及票证等都上传到区块链系统中。这套系统不存在中心账本，而是将账目在各个节点分布式备份，所有信息环环相扣，不容篡改，再通过智能合约的方式，把付款路径确认下来，实现一键式、穿透式付款。2018 年，雄安新区开展的千年秀林工程、城市截洪渠、唐河污水库治理、容西污水厂建设等项目都应用了雄安区块链资金管理平台，有近 700 多家企业参与，累计管理资金达到了 9.4 亿元。

区块链在能源交易领域已有应用。美国能源公司 LO3 Energy 与比特币开发公司 Consensus Systems 合作，在纽约布鲁克林 Gowanus 和 Park Slope 街区为少数住户建立了一个基于区块链系统的可交互电网平台 Trans Active Grid。该平台实现了微电网控制系统和区块链技术的结合，使得建筑物屋顶光伏系统供应商在布鲁克林能够将其过剩的电力回馈到本地电网，并直接从购买者那里收到付款。平台上每一个绿色能源的生产者和消费者可以在平台上不依赖于第三方自由地进行绿色能源直接交易。

2017 年，国网电子商务有限公司推出自主开发的国网电商区块链平台，深度支撑电网发展和电子商务、互联网金融等新兴业务创新应用，助力实现能源网络市场化、高效化、绿色化目标，营造开放共享的能源互联网生态体系。国网电商区块链平台分为基础服务层、应用接口层、业务应用层三个层面。基础服务层包含账户中心、区块链底层平台、区块链监管等功能；应用接口层对外提供一系列供应用调用的接口，提高应用对接效率；业务应用层提供面向电网业务的具体应用工具。该平台重点围绕供应链金融、积分、支付清算、征信、商品溯源、数字票据等六大业务应用领域布局。目前，已全面支持供应链金融和积分兑换场景应用，未来将陆续开发微电网、碳排放等面向能源互联网场景的应用，满足更多业务场景需求。

2018 年 2 月，招商局慈善基金会携手多家合作伙伴共同签约能源区块链项目，将其应用在新能源领域。熊猫绿能将其位于蛇口南海意库的分布式电站每日所发出的清洁电力放入能源互联网平台，华为提供电站数据接入的技术支持工作。推广初期，将从蛇口地区挑选首批自愿报名的用户参与清洁电力虚拟交易，用户可以直接在平台上选择使用清洁能源或传统能源，当用户选择清洁能源时，区块链技术将生成智能合约，直接配对电站与用户之间的点对点虚拟交易，同时 TUV Nord 公司将为用户出具权威电子证书，证明其所使用的是清洁能源电力。

3.5 小结

2017 年以来，各国在输变电、配用电、储能和基础支撑技术都取得了一系列技术进展和创新成果应用。

输变电领域，特高压输电技术、柔性直流输电技术、统一潮流控制器、虚拟同步机等取得技术突破和工程应用。±1100kV 特高压穿墙套管技术成功研发应用；特高压苏通 GIL 综合管廊工程正式贯通；世界首个柔性直流电网与混合柔性直流输电工程开始建设，特高压柔性直流输电换流阀研制完成；500kV 统一潮流控制器示范工程投运，机械式高压直流断路器成功挂网运行。

配用电领域，交直流混合配电网、主动配电网、柔性变电站、V2G 等技术示范工程在全球范围内逐步开展。智能柔性直流配电网示范工程投入运行；

集成可再生能源的主动配电网示范工程成功投运；柔性变电站成功并网运行；电动汽车技术取得较快发展，国内外均开展了 V2G 技术的试点工作。

储能领域，英国建成了全球首座液态空气储能工厂，实现了空气储能技术的突破。国内外广泛开展了锂电池、铅碳电池试点工程，部分项目已实现商业化运行，以促进可再生能源消纳、辅助电网侧波动调节和配合客户侧用能需求。随着电动汽车面临大范围退役，中国开展了动力电池梯次利用在不同场景的试点实践。

基础支撑领域，源网荷储协调、大电网建模仿真、大数据分析、人工智能、区块链等技术在能源电力领域不断深化应用。世界最大规模“虚拟电厂”正式投运；新一代电力系统数模混合仿真平台建成；智慧车联网平台、大数据创新平台、光伏云网陆续投入使用；人工智能在输变电设备智能化巡检、图像处理等领域突破实用化瓶颈；区块链技术在电子商务、电力交易和能源供应链管理等领域开始试验性部署。

4

专题一：改革开放 40 年中国电网发展的基本经验

改革开放40年来，中国电网不断发展成长，取得了巨大的成绩。电力作为一种重要的能源，是国计民生的基础，作为生产资料和生活资料，满足了经济社会发展和人民生产生活的需要。电网作为将电能输送到各行各业、千家万户的媒介，40年来走出了一条独特的发展之路。党的十九大提出了全面深化改革的全局性谋划，电力体制改革和国有企业改革向纵深推进，对电网发展提出新的要求。在这样的关键节点，很有必要对我国改革开放以来电网发展的经验进行总结归纳，对未来发展提出相应的建议，促进电网由高速度发展向高质量发展转变。

4.1 电网发展的成绩

（一）电网发展规模支撑了经济社会发展对电力供应的需求

改革开放40年来，我国坚持以经济建设为中心，扩大开放，经济发展速度保持高位。从1978年到2017年，我国国内生产总值按不变价计算增长33.5倍，年均增长9.5%；人均国内生产总值增长22.8倍，年均增长8.5%。

电网发展为经济社会发展提供了有力支撑。图4-1为改革开放以来我国220kV及以上输电线路回路长度及公用变设备容量变化图。改革开放之初，我国电网总体规模和服务范围较小，全国220kV及以上输电线路回路长度仅2.7万km，公用变电容量仅0.3亿kV·A。2017年底，两者分别达到68.8万km和37.3亿kV·A，分别年均增长9.1%和13.7%。电网建设与经济社会发展总体适应，保证了近18亿kW的电源接入（年均增速9.2%），满足了超过6.3万亿kW·h（年均增速8.6%）的电量需求。

（二）电网联网格局支撑了资源赋存分布对能源配置的需求

我国能源资源赋存分布广泛但不均衡。煤炭资源主要赋存在华北、西北地区，水力资源主要分布在西南地区，风能、太阳能等可再生能源主要分布在西部、北部和沿海地区。然而，我国70%以上的能源消费集中在东中部地区，尤

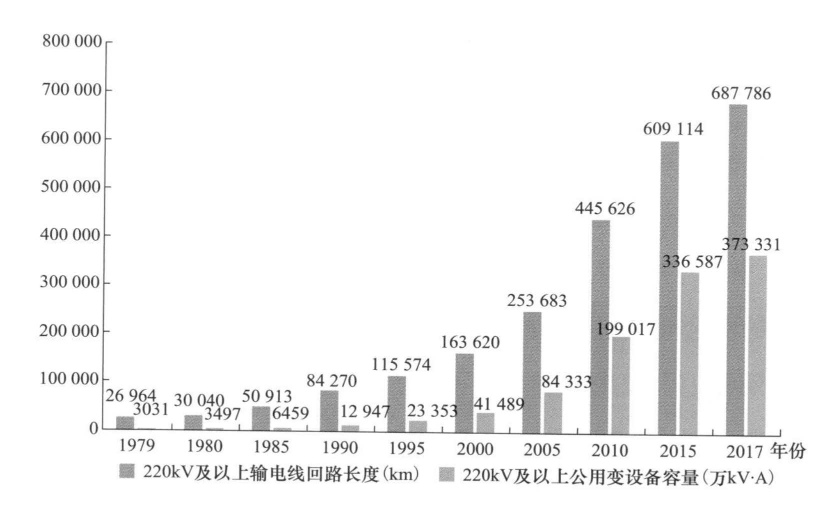

图4-1 改革开放以来我国220kV及以上输电线路回路长度和公用变电设备容量变化

数据来源：国家电力公司，1948—2000年电力工业统计资料汇编；中国电力企业联合会，电力工业统计资料摘要，2001年、2005年、2010年、2015年、2016年电力工业统计资料汇编；2017年全国电力工业统计快报。

其是电力负荷集中在长三角地区，能源基地距离负荷中心1000～4000km。

1979年，国家先后明确了电力工业发展要走联网道路，要走“西电东送”道路。这是基于我国能源资源禀赋与用电负荷中心逆向分布的国情来制定的。1989年9月，葛上（葛洲坝—上海）±500kV输电线路（输电容量120万kW）投产，华中电网与华东电网联网，这是我国首次实现跨大区异步联网，拉开了跨区联网的序幕。

1994年，三峡电站开始建设，围绕三峡电力的送出，逐步形成以北、中、南送电通道为主体，南北电网间多点互联的西电东送、南北互供的全国互联电网格局。

2011年11月，随着青藏±400kV联网工程的投运，除台湾外，全国联网格局基本形成，目前有华北—华中、华东、东北、西北、南方、云南6个区域或省级交流同步电网，西南电网（川渝藏联网）将在2018年底形成。各电网之间相互支撑、相互支援的能力显著提高，为大范围能源资源优化配置提供了平台。

2017年，全国跨区输送电量4236亿kW·h；跨省输送电量1.13万亿kW·h，占全社会用电量的1/6。

（三）电压等级提升支撑了可持续发展对能源供应转型的需求

改革开放之初，我国电网最高电压等级为330kV，1981年出现500kV，2005年出现750kV。新世纪以来，我国能源生产和消费总量持续较快增加，为减轻环境污染，应对气候变化等问题，国家大力发展清洁能源，国家电网公司也制定了“一特四大”战略，特高压输电技术得到较快发展。2009年建成投运第一条1000kV特高压输电线路（晋东南—荆门），是目前电压等级最高的交流输电工程。继1989年建成第一条±500kV直流线路之后，因地制宜地建成投运1条±400kV、6条±500kV、1条±660kV超高压直流输电线路。2010年建成投运2条±800kV特高压直流输电线路（云广、向上），这是目前电压等级最高的直流输电工程。目前已经建成投运多个特高压交直流输电工程（八交十三直）；正在建设的±1100kV新疆准东—安徽皖南特高压直流输电线路将于2018年底前建成投运，届时将再创电压等级之最，把西北地区的能源通过电能输送到4000km之外的电力负荷中心。

（四）电力普遍服务支撑了人民生产生活对可靠供电的需求

改革开放初期，全国电力非常短缺，“电荒”、拉闸限电不仅困扰着经济发展，也对人民生产生活造成很多不便。图4-2为改革开放40年来我国人均装机容量变化情况，图4-3为改革开放以来我国人均用电量和生活用电量指标变化情况。1978—2017年，人均装机容量提升了20倍，人均用电量提升了15倍。

不断提升人民的用电水平。1998年以来，电力公司和电网公司开展了多轮农村电网改造升级，把加快电网发展、保障电力供应、推行普遍服务作为首要责任，把户户通电、解决无电人口通电问题作为重中之重。通过多轮次电网改造、“户户通电”等工程，“十二五”时期彻底解决了无电人口用电问题，反观20世纪80年代，当时户通电率还不到60%；“十三五”时期解决了“低电压”“卡脖子”等问题，供电质量大为改善。

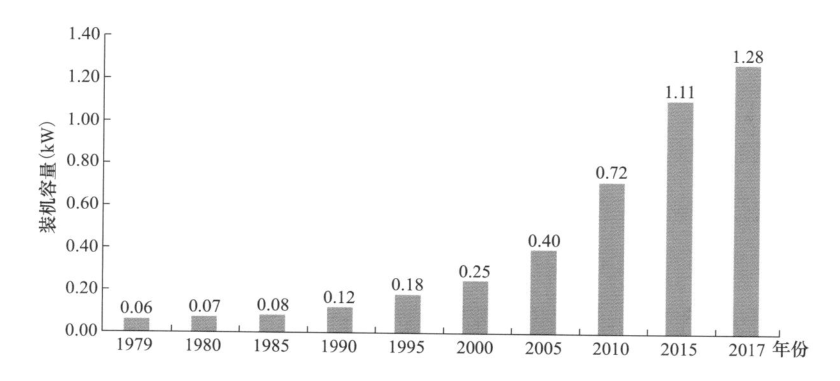

图 4－2　改革开放以来我国人均装机容量变化情况

数据来源：国家电力公司，1948—2000年电力工业统计资料汇编；中国电力企业联合会，电力工业统计资料摘要，2001年、2005年、2010年、2015年、2016年电力工业统计资料汇编；2017年全国电力工业统计快报。

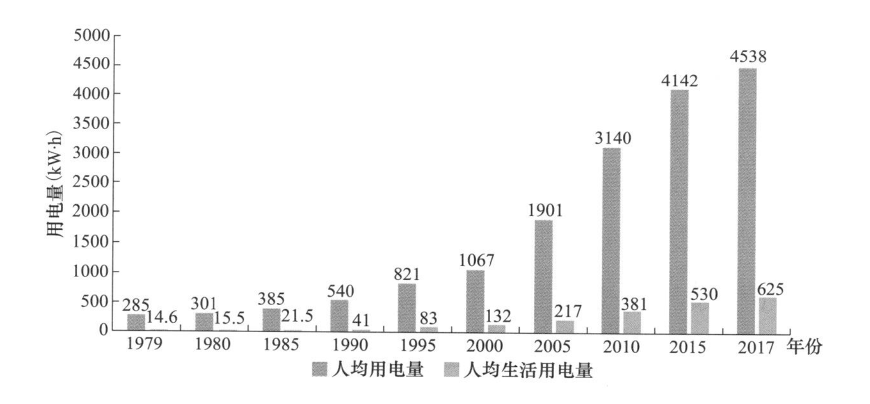

图 4－3　改革开放以来我国人均用电量和生活用电量指标变化情况

数据来源：国家电力公司，1948—2000年电力工业统计资料汇编；中国电力企业联合会，电力工业统计资料摘要，2001年、2005年、2010年、2015年、2016年电力工业统计资料汇编；2017年全国电力工业统计快报。

注：1985年以前的人均生活用电量为估算值。

通过多方面努力，推进技术创新、结构优化，各级电网运行安全稳定，输电能力、供电能力、供电质量和装备水平大幅提升，供电可靠率、电压合格率整体上得到很大改善，逐步实现了从“用上电”过渡至“用好电”，2017年城网供电可靠率达到99.948%，配电网发展取得显著成绩。

（五）电网智能化水平支撑了能源互联网对电网基础设施的需求

改革开放之初，电网的主要功能就是将电厂所发的电能输送到电力用户，电网自动化手段很少，水平很低。20世纪80年代，计算机逐步进入电力系统，广泛应用于各种继电保护装置和自动调节装置，电网实时监控系统、变电站自动化系统出现并改进升级，配电网自动化、变电站自动化和电网自动化不断发展。我国大电网调度运行技术不断丰富和发展，驾驭复杂电网的能力大大加强。

2009年以来，智能电网建设得到高度重视。政府相关部委相继出台若干政策，将智能电网作为能源建设重点工作之一，有效推动了智能电网发展。配电网智能化水平不断提升，以配电网自动化物理实体为基础，融合传感测量、运行控制、信息通信等技术，支持分布式电源、微网、储能、电动汽车的友好接入和需求互动。作为配电网智能化建设的基础，智能化设备技术水平不断提高，覆盖范围不断扩大。目前，国家电网公司、南方电网公司经营区计量自动化终端均实现100%全覆盖；国家电网公司已累计安装超过4.57亿台智能电表，覆盖率达到99.57%，南方电网公司智能电表覆盖率达到93%；未来智能电表将在客户侧需求响应、能源管理优化方面发挥更大作用。电网智能化的建设为构建以坚强智能电网为核心、以新一代电力系统为基础的能源互联网提供了重要的物质条件。

4.2 电网发展的经验

（一）坚持创新引领发展

创新始终是电力行业和电网发展的不竭动力。40年来，我国引进并消化吸收了大量先进的输变电装备和技术，从变压器、高压开关、避雷器、充油电缆到绝缘器材、电缆接头等。为了避免核心技术受制于人的困境，电网人大力加强自主科技创新，突破重大技术难关，不断提升电网科技含量，形成了较为完整的科技研发体系和科技人才梯队，使我国电力技术迈上了新的台阶。在特高压、智能电网、大电网运行控制和新能源并网等领域取得一批自主创新、世界领先的重大成果，尤其是特高压成套输电设备研制成功，改变了我国在电气设备领域长期从发达国家“引进技术、消化吸收”的发展模式，取得了从基础研究到工程实践的全面突破，实现了“中国创造”和“中国引领”。近年来，交直流特高压工程建设得到较快发展，特高压地下管廊（GIL）工程也实现突破，柔直、柔交、统一潮流控制器（UPFC）、虚拟同步机等领域不断有新的试点工程、新的技术突破。

作为技术进步的成效之一，电网运行的直接经济效益和社会效益明显。2017年，全国线损率为6.42%，比1978年下降3.18个百分点，相应节约电量超过2000亿kW·h，相当于一个中等省份一年的用电量，节约能源消费超过5000万tce，减少二氧化碳排放2亿t以上。

除了技术创新，还在体制机制方面实现了创新。第一轮电改引入“省为实体”“集资办电”等理念，鼓励了办电积极性，逐步解决了“缺电”问题。第二轮电改在发电侧引入竞争，实现了“厂网分离”，解决了市场机制问题。两次改革都是党和政府在全面分析时代形势及矛盾后做出的创新性改革，总体满足了经济社会发展的需求，适应了生产力发展的需要。

（二）注重协调统筹发展

协调既是发展手段又是发展目标，同时还是评价发展的标准。40年来，我国电网与电源、用户及资源环境之间逐步走向协调发展。一是实现电力系统各环节的协调发展。受发展阶段和资金等约束，改革开放初期存在“重发轻供不管用”现象，“集资办电”促进了各地电源的建设，电网建设相对滞后。20世纪90年代后期以来，电网投资比重有所提高，逐步形成电网建设引导电源建设，促进发电、输电、变电、配电、用电、调度六个环节和通信信息平台相互协调，促进各级电网协调发展，保障电力送得出、落得下、用得上，满足了经济快速发展对电力的需求。二是保障电网与资源环境的协调发展。电网公司坚持电网发展与大气污染防治、减少碳排放、保障生态环境等相协调，建设环境友好型电网，全力保障全额消纳清洁能源，2017 年消纳可再生能源发电量 1.67 万亿 kW•h，相应减排二氧化碳约 16.65 亿 t。

（三）推动绿色发展道路

绿色是应对气候变化，推动能源发展转型的道路选择。作为能源资源优化配置的平台、“西电东送”“一特四大”战略的实施载体，电网承载了输送和消纳清洁能源的作用，推动了绿色发展。党的十八大以来，生态文明建设纳入中国特色社会主义“五位一体”总体布局，对环境保护的关注提升到了一个新的高度。电网企业统筹推进各级电网建设，完善市场化交易机制，最大限度地推动绿色电力供给和消费，推进自身、产业和社会绿色发展，积极成为推动能源生产和消费革命的表率。一是促进清洁能源替代化石能源，实现电力输配的绿色化，采用特高压输电技术将北部、西部清洁能源输送到东部负荷中心，实现“电从远方来，来得是清洁电”。二是促进电能替代化石能源，实现电力消费的绿色化。坚持节能优先原则，注重引导合理消费和推广节能产品，加大储能技术研发力度，大力推动煤改电、港口岸电、电动汽车等发展，提高电能在终端能源消费的比重，实现节能减排。2017 年全国电能占终端能源消费的比重为 24.9%，较改革开放之初提高了约 18 个百分点。

（四）顺应开放促进发展

开放是电力行业繁荣发展的必由之路。改革开放以前，电力投资实行高度集中的计划经济体制，资金来源渠道单一、融资数量有限，导致电力建设速度缓慢。改革开放以来，电力工业积极合理有效地利用外资办电，弥补了电力建设资金缺口，并提高了电力工业的技术含量。到 2000 年，电力投资中中央拨款资金大幅下降，利用外资达到 211 亿元，占比达到 22%。在利用外资的同时，也逐步加大了对外投资，积极推动技术（标准）、装备、管理、品牌“走出去”，在“一带一路”建设中发挥重要作用。近年来，国家电网公司先后投资运营菲律宾、巴西、葡萄牙、澳大利亚、意大利、希腊等6个国家及中国香港的骨干能源网，境外资产总额超过650亿美元，项目全部赢利。实施标准化战略，推动中国标准“走出去”。2018年10月22—26日，在国际电工委员会（IEC）第82届大会上，IEC各国家委员会一致提名选举原IEC副主席、原中国国家电网有限公司董事长舒印彪为IEC第36届主席，任期为2020—2022年。这是该组织成立112年来，首次由我国专家担任最高领导职务，是我国参与国际标准工作的重要里程碑，是国家电网落实人类命运共同体理念，积极推进“一带一路”建设取得的又一重要成果。截至2017年底，国家电网公司主导制定了国际标准47项，国家标准和行业标准2027项；累计拥有专利73 350项（其中发明专利16 064项），获得国家科技进步奖63项（其中特等奖1项、一等奖7项），国际影响力和话语权不断扩大。我国的电动汽车充换电标准体系与美国、德国、日本并列为世界四大标准体系。我国主导制定的特高压、新能源接入等国际标准成为全球相关工程建设的重要规范。

（五）重视共享发展成果

共享是践行“人民电业为人民”宗旨的本质要求。40年来，我国持续关注民生，努力提高为人民服务的质量和水平，将电网发展成果广泛推广应用，普惠社会大众。一是不断提升用电质量。通过配电网升级改造、城市配电网可靠性提升等工作，不断提升供电可靠性，使电力发展成果更多惠及民生，提升人民群众的满意度和幸福度。二是积极服务脱贫攻坚。按照党中央关于2020年全面建成小康社会，实现我国现行标准下农村贫困人口实现脱贫，贫困县全部摘帽，解决区域性整体贫困的要求，着力加强贫困地区电力基础设施建设，重点服务革命老区、民族地区、边疆地区、连片特困地区的脱贫攻坚工作。三是推动发展电力共享经济。通过以“互联网+”为代表的信息技术应用和大数据分析手段，提高电力供应与服务的针对性、有效性。智能电网建设与可再生能源发展、战略性新兴产业发展、互联网和物联网建设相结合，服务智能家居、智能社区、智能交通、智慧城市发展，使电力发展成果惠及整个社会大众。

4.3 电网高质量发展的建议

回顾改革开放40年来，我国电网规模由小到大，电压等级由低到高，联网规模从小到大，线损率由高到低，可靠性不断改善，服务范围不断扩大，服务质量不断提高。当前，电力体制改革深入推进，面对新形势、新任务和新要求，为实现电网高质量发展，应着力加强以下几方面工作。

一是推进综合能源服务，创新发展模式和商业模式。

综合能源服务是实现能源互联网的重要途径之一，也是未来能源供应商转型发展的趋势。要依托互联网信息技术、可再生能源技术发展以及电力改革进程加快的契机，开展综合能源服务，提升能源效率，降低用能成本，促进竞争与合作。要结合国有企业改革，在竞争领域加大引入社会资本力度，有效促进“互联网+”、绿色金融等新生事物发展，要创新构建新的商业模式，激发市场活力。

二是坚持网源协调发展，提升电网发展效益。

要坚持电网和电源协调发展，以统一规划为引领，统筹电网与电源重点项目前期工作、建设时序，促进能源资源集约规模开发和经济高效利用。要统筹推进交流与直流、送端与受端、主网架与配电网协调发展，实现各级电网紧密衔接、科学布局，提高电网整体效能。要促进电网与煤炭、运输、高载能行业等上下游产业的协调发展，满足人民群众对安全可靠供电的要求，助力全面建成小康社会。要重视电网与资源环境协调发展，电网发展要顺应能源革命趋势，充分考虑水资源、大气污染、碳排放、生态保护等资源环境的硬约束。

三是促进绿色电网建设，注重节能减排效益。

清洁绿色转型是能源发展的大趋势，再电气化是促进绿色电网建设的途径。要统筹加快抽水蓄能电站等灵活调节电源建设步伐，加大火电机组灵活性改造力度，加强需求响应，挖掘调峰潜力，推动源网荷互动，促进清洁能源输送和消纳。要推动建立跨区跨省消纳清洁能源的市场机制，提高各地消纳清洁能源的积极性。要推广应用电锅炉、电采暖、电动交通等，促进以电代煤、以电代油，提高电能在终端能源消费的比重，减少化石能源消耗和环境污染。

四是深化电力体制改革，开放促进效率提升。

党中央对全面深化改革作出重要部署，明确提出要建设统一开放、竞争有序的市场体系，使市场在资源配置中起决定性作用。要完善有序竞争的电力市场，健全电力市场交易机制，坚持依法合规运营，自觉接受政府监管和社会监督，持续提升市场管理水平，努力为市场主体提供优质、便捷、高效的服务。通过省间电力交易促进能源资源大范围优化配置和清洁能源消纳，实现节能减排。要加大对外合作交流力度，完善对外投资机制，更好地服务“一带一路”战略实施。

五是服务小康社会建设，共享发展进步红利。

随着电力体制改革的深入推进，利益格局将会进行调整。要通过电力市场建设、新技术应用等方式普惠社会大众，服务经济社会发展。要通过市场化交易降低电力用户购电成本，助力实体经济转型升级。要做好光伏扶贫工程，扩大光伏云网覆盖范围，助力民众生活水平提高。要营造良好生态圈，推广智能电表、多表合一等先进技术设备，带动综合能源服务产业健康发展，助力发展方式转变。

5

专题二：国内外电网可靠性及典型停电事故分析

经过多年发展，各国电网技术不断创新，管理水平不断提升，典型国家电网运行可靠性逐步提高，但安全风险依然存在。本章从运行可靠性和电网安全两个维度分析相关国家的电网发展情况，主要对美国、英国、日本、印度和中国的电网可靠性进行了总结，针对2017年以来国际上出现的中美洲互联电网、巴西电网、美国得克萨斯州南部电网、美属波多黎各电网等典型停电事故进行了分析。

5.1 电网可靠性

5.1.1 电网可靠性情况

（一）美国电网

2017年，美国电网共停电3526次，较2016年减少353次。自2008年以来美国电网停电次数[1]如图5-1所示，近五年美国电网停电次数均超过3000次。

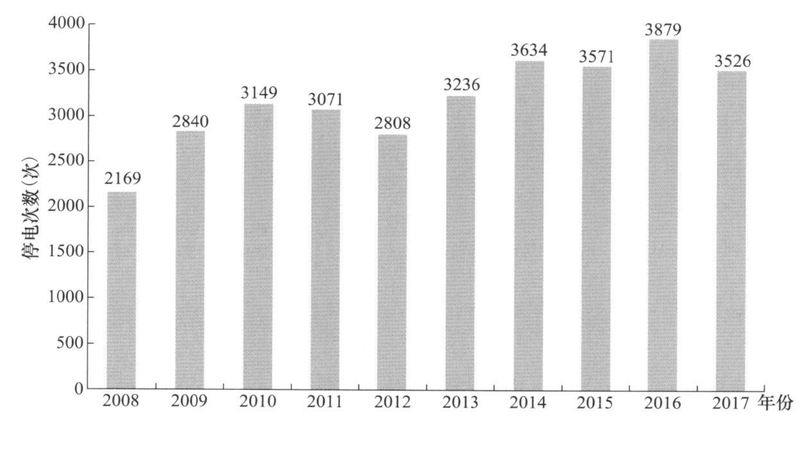

图5-1 美国电网停电次数

[1] 资料来源：From Eaton. Blackout Tracker United States Annual Report 2017。

2017 年美国各州的停电次数和平均停电时间情况如图 5-2 和图 5-3 所示，CA、TX、NY、OH、MI[1] 停电次数均超过 150 次，其中 CA 更是达到 438 次，RI、VT、DE[2] 的停电次数少于 15 次。NH、FL、NE、TN[3] 的平均停电时间均超过 200min，其中 NH 停电时间最多，达到 374min。

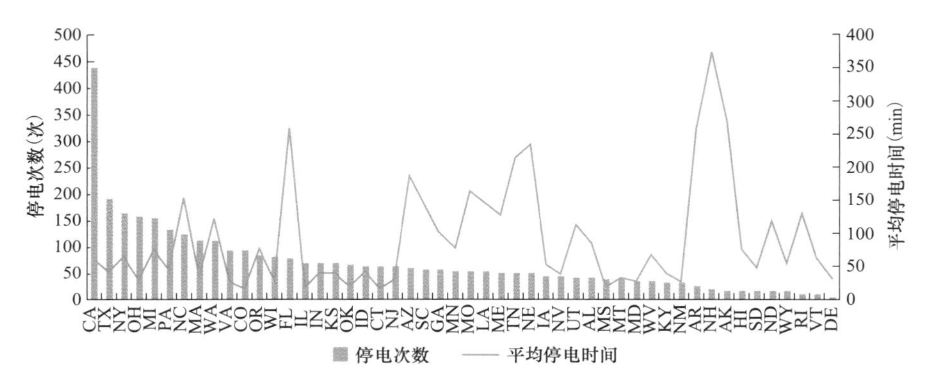

图 5-2　2017 年美国各州电网停电次数、停电时间

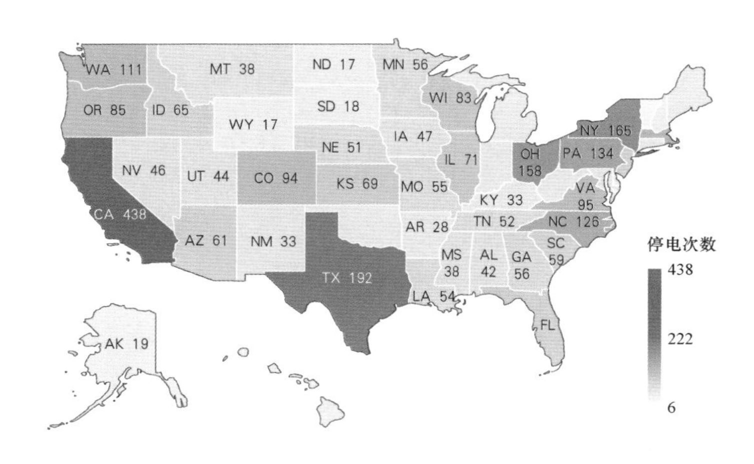

图 5-3　美国各州电网停电次数地理分布

2017 年美国电网造成停电的原因主要是天气、设备故障/人误操作、交通事故，占到总停电次数的 68%，同比增长 16 个百分点。其中，天气原因占比

---

[1] 加利福尼亚州、得克萨斯州、纽约、俄亥俄州、密歇根州。

[2] 罗德岛州、佛蒙特州、德拉瓦州。

[3] 新罕布夏州、佛罗里达州、纽约州、田纳西州。

最高，达到33%，主要包括飓风、风暴、野火等极端天气。2017年美国各类原因导致发生的停电次数如图5-4所示。

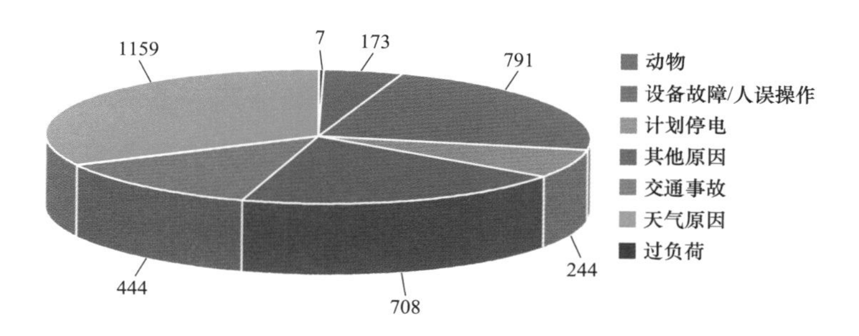

图5-4　2017年美国各类原因导致发生的停电次数

（二）英国电网

2017年，英国电网停电21次，较上一年减少8次，连续三年下降，且较2014年减少36次。近几年来看，2014年停电次数最多，高达57次。英国近六年的停电次数统计如图5-5所示。

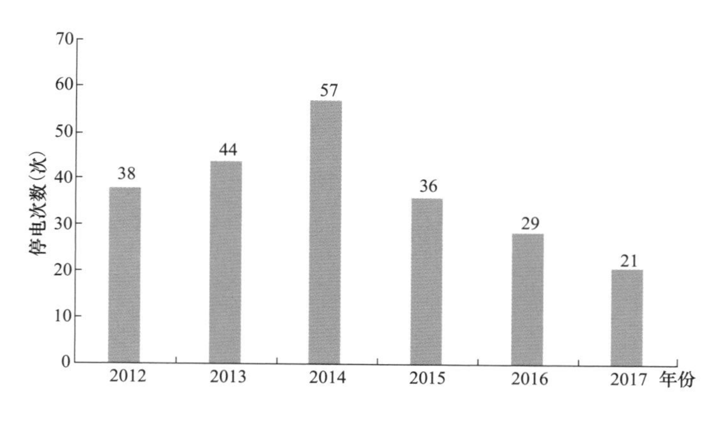

图5-5　英国近六年停电次数

2017年，英国电网停电损失电量67.3MW·h，较上一年增加37.8MW·h，但较2012年下降700.13MW·h。英国近六年停电损失电量统计[1]如图5-6所示。

[1] National Electricity Transmission System Performance Report。

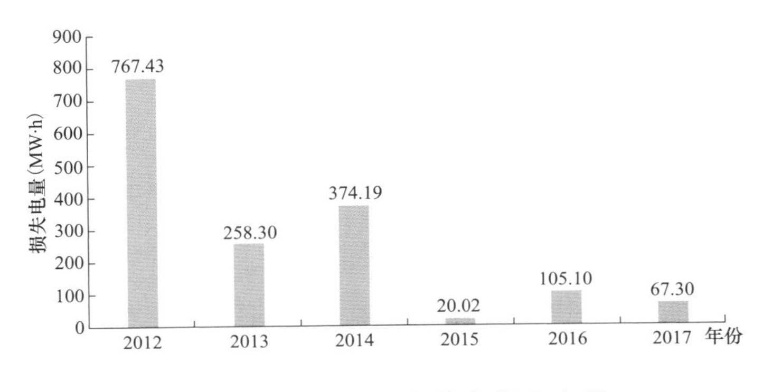

图 5-6　英国近六年停电损失电量

英国政府利用“停电次数”和“停电损失电量”两个指标衡量年度的全国电网供电安全性。通过近几年英国电网发生的停电事故统计指标变化情况来看，电网停电次数和损失电量得到一定控制，供电安全可靠性得到进一步提升。总体来看，英国电网的安全可靠性基本处在稳定水平。

（三）日本电网

日本户均停电次数 0.18 次/户，户均停电时间 25min。自 2011 年发生福岛大地震以来，日本供电可靠性变化较小，与地震之前基本持平。1982—2016 年日本户均停电次数、户均停电时间变化[1]如图 5-7 所示。

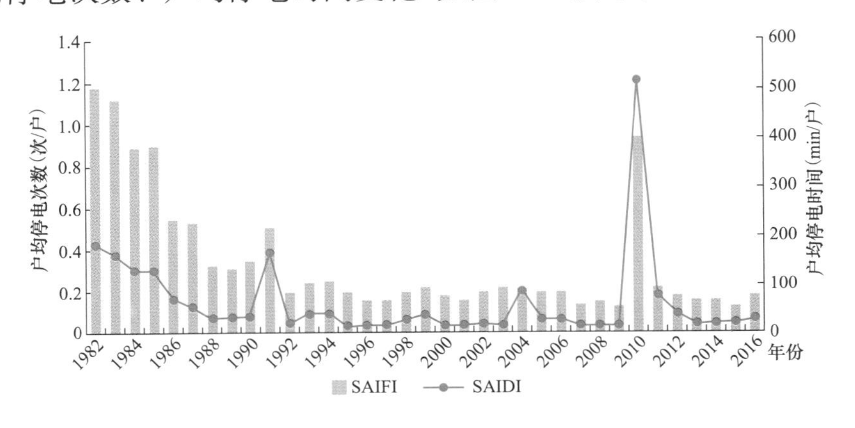

图 5-7　1982—2016 年日本户均停电次数、户均停电时间

[1] 日本电气事业联合会（FEPC）：Infobase 2017。

2016财年日本各类原因导致发生的停电次数如图5-8所示，其中主要原因是动物、设备故障、风/水灾，共导致发生停电7034次，占总停电次数的66%。

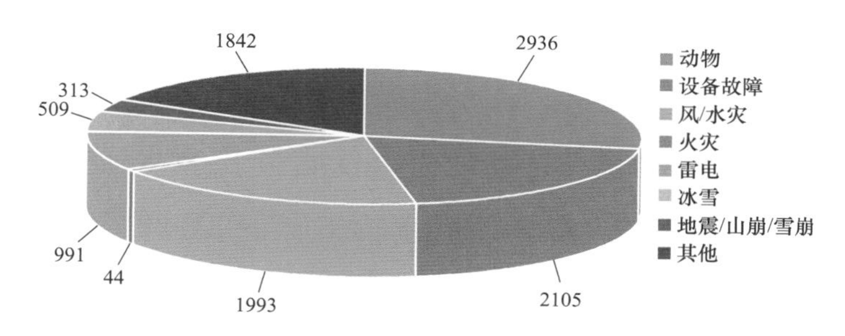

图5-8 2016财年日本各类原因导致发生的停电次数

（四）印度电网

2017—2018财年[1]，印度电网月平均停电时间为7.5h，同比降低3.5h，月平均停电次数为11.6次，与上年基本持平，停电状况得到较大改善，如图5-9所示。另外，印度供电可靠性地域差异明显，大城市的供电持续性显著高于其他地区，马哈拉施特拉邦、古吉拉特邦、喀拉拉邦等经济发达地区，月停电情况低于2h，而北阿坎德邦、哈里亚纳邦等地区仍存在较为普遍的停电情况，月均停电时间为20～30h。

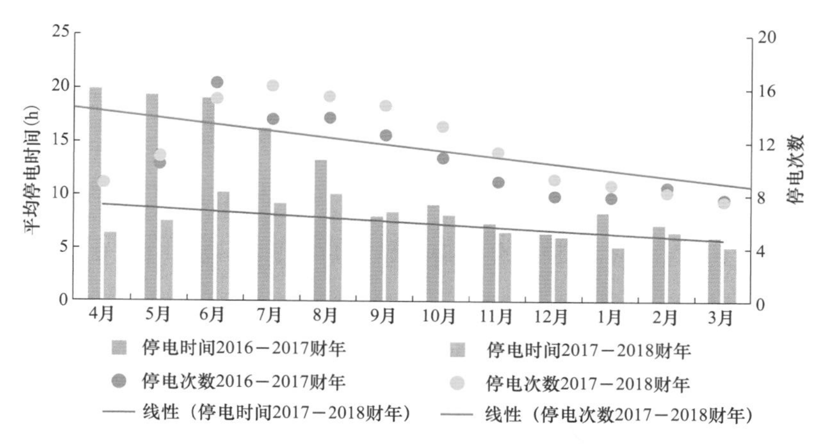

图5-9 2017—2018财年印度月平均停电时间与停电次数

[1] 2017年5月至2018年3月。

（五）中国电网

（1）全国供电可靠性。

2017 年，中国户均停电时间为 16.27h，比上一年减少 0.84h；户均停电次数为 3.28 次，比上一年减少 0.29 次。其中，城市用户年平均停电时间由 2016 年的 5.20h 下降到 5.02h，平均停电次数同比减少了 0.12 次，下降为 1.1 次；全国农村用户年平均停电时间由 2016 年的 21.23h 下降到 20.35h，平均停电次数同比减少了 0.32 次，下降为 4.07 次。2012—2017 年农村、城市、全国户均停电时间和停电次数图 5-10 和图 5-11 所示，自 2014 年农村、城市、全国户均停电时间和停电次数连续两年增长，2017 年出现双下降。

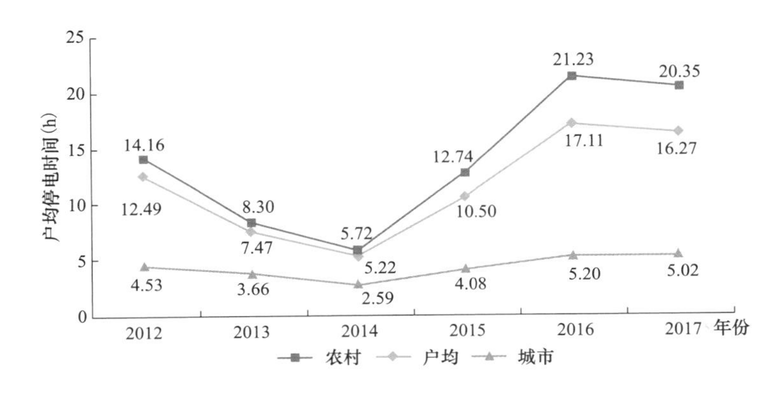

图 5-10　2012—2017 年全国户均停电时间[1]

（2）区域供电可靠性。

2017 年全国各区域全口径户均停电时间、区域全口径停电次数如图 5-12 和图 5-13 所示。2017 年，华东和华北区域的供电可靠性优于全国水平，其户均停电时间和停电次数指标均低于全国平均值，其中，用户数最多、用户总容量最高的华东区域供电可靠性平均水平领先其他区域，其户均停电时间为 10.47h，户均停电次数为 2.31 次；而西北区域户均停电时间和停电次数指标均高于全国水平，供电可靠性水水平明显差于其他区域。

[1] 国家能源局，2017 年全国电力可靠性年度报告。

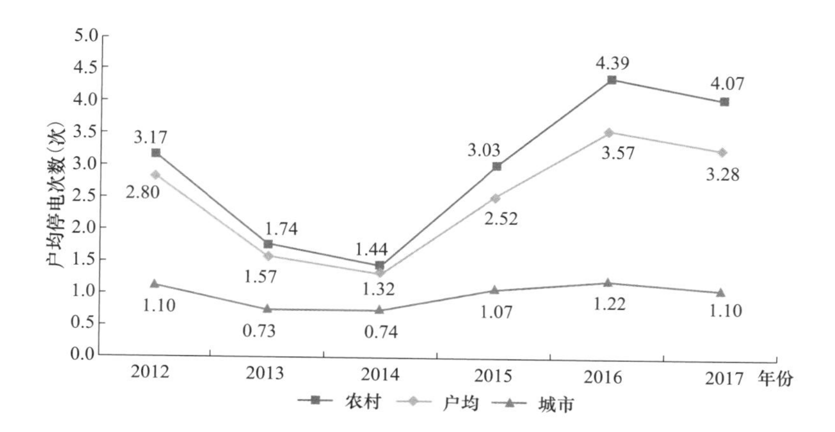

图 5-11　2012—2017 年全国户均停电次数

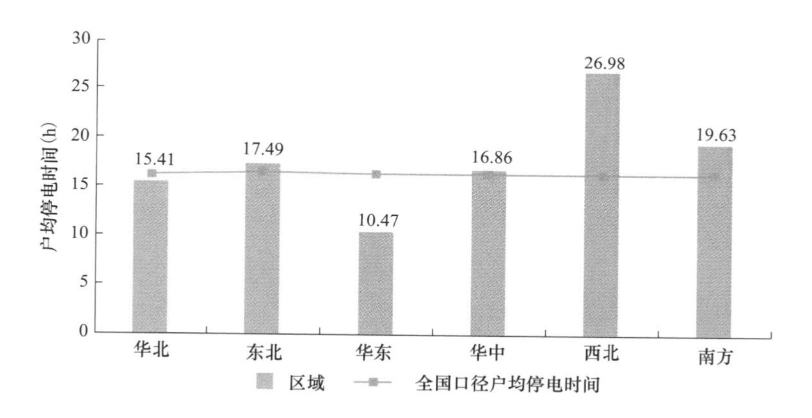

图 5-12　2017 年区域全口径户均停电时间

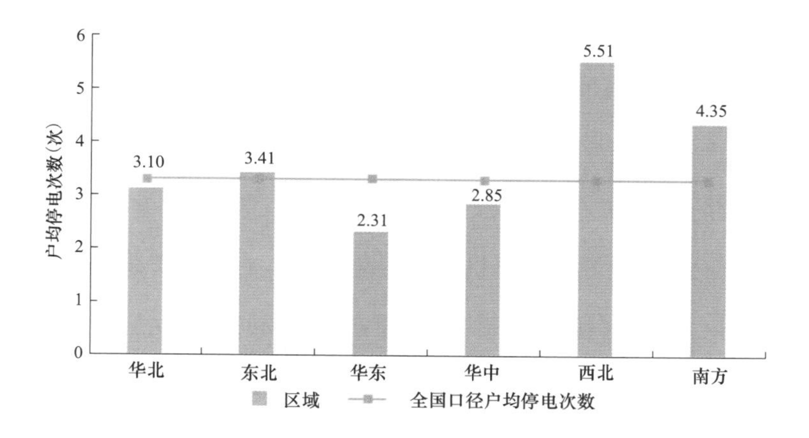

图 5-13　2017 年区域全口径户均停电次数

分省看，上海、北京、天津、江苏、广东的户均停电时间低于10h，且户均停电次数均少于2次。西藏、广西、新疆、青海、内蒙古、海南、陕西、甘肃、云南、贵州、山西地区的户均停电时间均超过20h，西藏、新疆、山西、蒙东地区的户均停电次数均超过7次。2017年全国各省份户均停电时间和停电次数情况如图5-14所示。

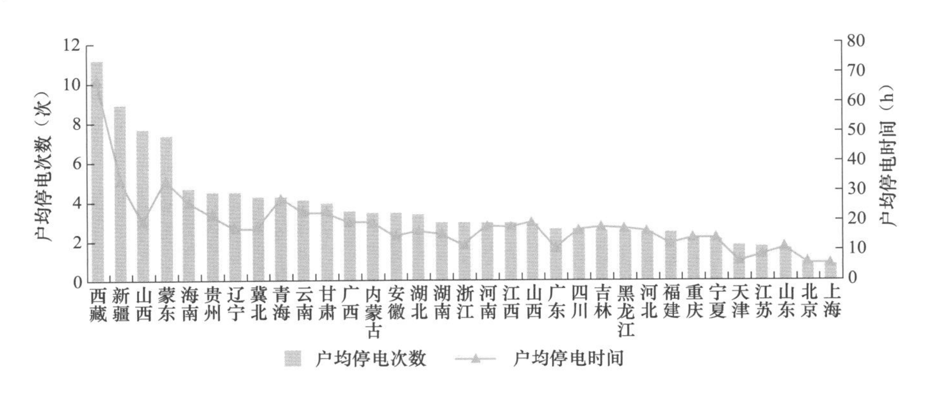

图5-14　2017年全国各省份户均停电次数和停电时间

5.1.2　电网可靠性提升经验

持续提升电网可靠性水平，提高供电连续性，满足客户对优质电力服务的需求是世界各国电力企业的共同目标。世界各国在提高供电可靠性措施方面取得了一些成功经验。总体看来，主要有以下几个方面。

（一）合理规划配电网网络结构

配电网直接连接用户，因此配电网的结构对保证供电可靠性具有至关重要的作用。根据经济发展水平、地域特点及发展理念的不同，综合考虑经济性、适用性、实用性等因素，合理设计配电网络结构，加强联络率，提高供电的灵活性，实现配电网的高效可靠运行。比如，法国的中压配电网采用双环网和用户双接入的接线模式；德国除低压网外，在配电网规划中均遵循“$N-1$”准则（特殊地区遵循“$N-2$”准则），并通过Zollenkopf曲线给出了不同的停电功率情况下的允许停电时间；英国配电网规划的指导性文件供电安全工程建议ER

P2/6 以用户供电可靠性为规划目标，按负荷组大小划分级别，以“$N-1$”和“$N-1-1$”法则作为衡量手段，给出各级电网所应达到的安全性和可靠性水平；新加坡配电网采用了复杂的莲花瓣网架，采用合环运行方式，供电可靠率维持在 99.9999%以上，户均停电时间仅为 0.56min。雄安、通州电网规划中，采用双花瓣网架，核心地区供电可靠性也将达到 99.9999%。

（二）积极推动设备更新换代

设备是电网的基本单元，降低设备故障率可以有效提升供电可靠率。比如，投入少油或无油断路器，可以避免油介质断路器维修量大、维修耗时等弊端，提高供电可靠性水平；架空线路绝缘化改造，能够减少线路故障，特别是各类接地故障。日本东京电力公司在电力设备上的改造主要有：①安装放电夹。在固定电线的绝缘子上设置放电夹，雷电发生时不经电线放电而从放电夹放电，以防止引起绝缘电线断线，大幅度降低了停电时间。②电线的绝缘改造。20 世纪 60 年代中期，日本的高架电线大部分是裸线，为了防止树木和小动物等接触引起的配电事故，以及作业人员等接近电线因触电而造成的人员伤亡事故，全部采用绝缘导线。③电杆上开关的无油化。在 20 世纪 60 年代中期，电杆上都是油开关，为避免雷击及油的绝缘劣化引起内部短路而招致公共灾害，全部采用真空开关和空气开关。④配电线路电缆化。东京区内人口密度大，自然环境相对稳定，东京地区配电线路电缆化率已达到 83.9%。美国 PG&E 公司投资升级乡村电网，在超过 440 个性能最差的乡村电线上安装 5000 多组保险丝和 500 多个线路继电器，三年间减少了 33%的停电。

（三）大力推广配电自动化

随着配电网规模的不断扩大，传统的人工查询故障处理模式造成一点故障全线停电，恢复供电速度慢，大大制约供电可靠性的提升。配电自动化对于减少停电恢复时间，缩小非故障停电区域具有重要作用。日本于 20 世纪六七十年代着手研发各种就地控制方式和馈线开关的远方监视装置；1985—1990 年，东京电力、北陆电力、关西电力、四国电力、东北电力、中部电力、北海道电力先后采用大规模配电自动化系统。到 1986 年，日本约 86.5%实现了故障后按时限自动顺序送电，其中 6.7%实现了配电线开关的远方监控。九州电力公司很早就开始建设配电自动化，在实现对全部开关的远方控制后，全公司配电网的户均停电时间保持在每年 1～2min 的水平。美国 PG&E 公司在超过 500 条线路上安装智能开关，在停电发生时可以在数分钟内自动恢复线路。

（四）开展不停电作业等新技术应用

配网不停电作业是以实现用户不中断供电为目的，采用带电作业、旁路作业等方式对配网设备进行检修的作业，可以有效降低计划停电时间，是提高配电系统供电可靠率的有效途径。日本东京电力公司开展不停电施工法，采用旁路线路供电效果显著，将客户的年平均施工停电时间降低到 2min。中国逐渐完善了 10kV 架空配电线路带电作业管理规范、电缆不停电作业技术导则等制度标准体系，配网带电作业水平持续提升。

（五）引入目标管理，并辅以奖惩机制

国外供电企业的可靠性管理普遍实行目标管理，部分企业还制订了严格的奖罚措施，将被动性管理转变为主动性预防，减少了无序检修停电。美国某些州电力公司采用了以过去若干年可靠性指标的平均值为基础，确定未来年度可靠性目标。英国、法国和德国均有供电可靠性奖励和惩罚措施。法国和德国将系统平均停电时间（SAIDI 指标）作为供电可靠性奖惩的标准。英国政府成立了天然气和电力市场监管办公室，推出了服务质量奖惩机制，对用户停电时间、用户停电次数和风暴天气情况下的用户电话响应水平等服务水平指标进行考核，并规定了各配电公司应遵守的承诺供电标准。配电公司若达不到此标准，则需向受影响的用户作出经济补偿。

（六）高度重视电力系统信息安全建设

中国电力企业从规划设计、建设改造、运行维护、风险评估、等保测评、技术监督等环节加强电力监控系统的安全防护水平，构建了栅格状电力监控系统动态安全防护体系，保障了电力系统的安全稳定运行和电力可靠供应。截至

2017 年，中国 110kV 及以上厂站实现调度数据专网全覆盖，建设调度数据网双平面网络节点超过 5 万个，部署横向物理隔离设备，纵向加密认证装置等专用设备 5 万多套，调度数字证书系统部署至市一级调度机构。同时，电力监控系统安全防护工作的纵深发展，带动了安全操作系统和硬件方面的科研及产业的发展，各电力企业累计使用国产计算机及操作系统 2 万多套，调度数据网络全面实现国产化。

5.2 电网典型停电事件分析

近年来，美国、中美洲、俄罗斯、日本等国家或地区均发生过大面积停电事故，给当地经济社会带来巨大的负面影响，表 5 - 1 列出了其中 2016 年以来的 10 次停电事故，其中由设备或变电站故障引发的停电事故 6 例、极端天气 4 例。下面对 2017 年的 4 次典型停电事件开展详细分析[1]。

表 5 - 1　　2016 年以来国际大规模停电事故汇总

时间	地区	影响（负荷、人口、生产生活等）	事故原因
2016 年 9 月 28 日	南澳州	全州约 85 万用户停电，损失负荷 189.5 万 kW	极端天气
2016 年 10 月 12 日	日本东京	11 个区共计 58.6 万用户停电	电缆起火
2017 年 4 月 21 日	美国纽约	纽约地铁停运或延迟	设备故障
2017 年 4 月 21 日	洛杉矶国际机场	自动扶梯、自动人行横道和多个安检口等设备短时间无法运行	断路器起火
2017 年 4 月 21 日	旧金山	9 万电力用户停电，约占当地居民的 1/10	变电站故障①
2017 年 7 月 1 日	中美洲国家巴拿马、哥斯达黎、尼加拉瓜等国	数以百万计的人受到影响，如巴拿马多达 200 万人，哥斯达黎加约 500 万人②	电缆故障

[1] 2017 年 4 月 21 日美国纽约、洛杉矶国际机场、旧金山停电已在《能源与电力分析年度报告系列 2017　国内外电网发展分析报告》中分析。

续表

时间	地区	影响（负荷、人口、生产生活等）	事故原因
2017年8月1日	俄罗斯远东地区	约150万用户受到影响，远东部分电气化铁路停运	输电线路短路
2017年8月25日	美国得克萨斯州南部	6.68万km^2，约占得克萨斯州1/4面积；约30万人被迫停电	极端天气
2017年9月1日	美属波多黎各	超过300万人被迫停电	极端天气
2018年3月21日	巴西北部和东北部	18 000MW负荷损失，占巴西全国联网系统的22.5%	断路器校准出现误差

① http：//news.sina.com.cn/w/2017-04-22/doc-ifyepsra5132205.shtml。
② http：//www.taihainet.com/news/txnews/gjnews/sh/2017-07-03/2030196.html。

5.2.1 中美洲互联电网停电事件

（一）基本情况

中美洲六国自北向南依次包括危地马拉、萨尔瓦多、洪都拉斯、尼加拉瓜、哥斯达黎加和巴拿马。这六个国家拥有丰富的风电、太阳能、地热能和水电资源。

从电力装机结构看，2015年中美洲六国装机容量为1505万kW，其中火电560万kW、热电联产139万kW、水电601万kW、风电90万kW、太阳能发电52万kW、地热发电63万kW。中美洲六国发电量488亿kW·h，其中2/3为可再生能源发电。为了加速可再生能源规模化开发，发挥电力资源的规模效益，降低运行成本，发挥水电灵活调节优势，发挥供需互补性优势，提升区域能源市场竞争力，吸引电力领域外资投资，中美洲六国于2014年建成了一回电压等级230kV、长度1799km（见图5-15）、输电容量30万kW的输电线路，六国电网实现互联。此外，危地马拉与北部的墨西哥通过400kV线路互联，输送容量15万kW；巴拿马与南部的哥伦比亚联网工程正在建设，预计2018年投运。

中美洲互联电网交易电量主要从北部和南部国家（主要是危地马拉、哥斯

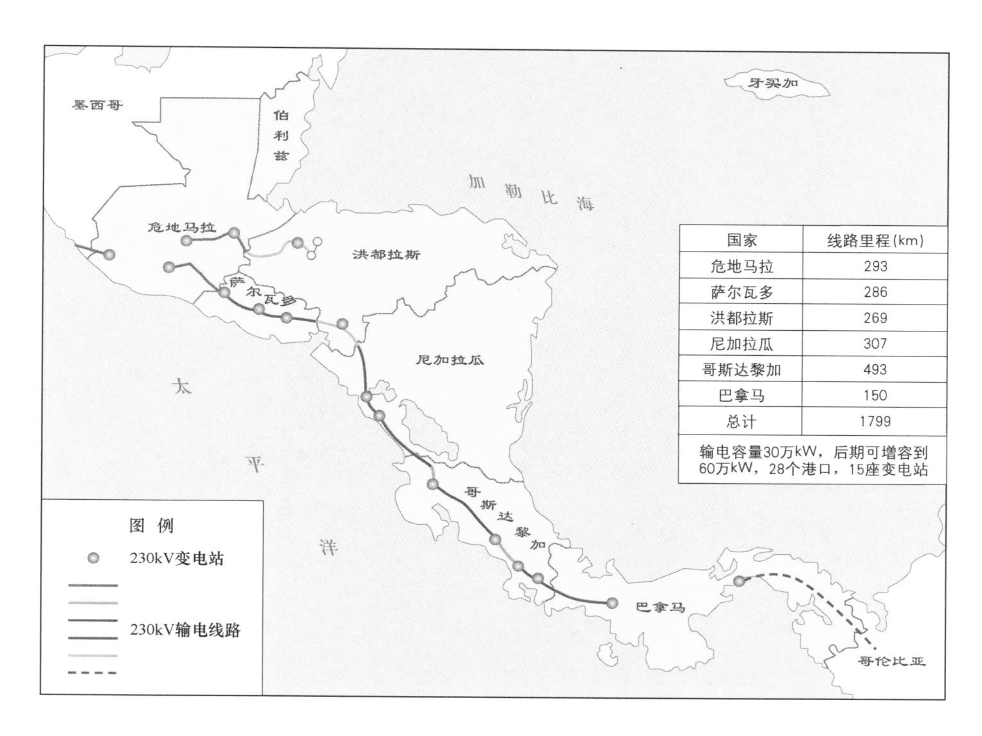

国家	线路里程(km)
危地马拉	293
萨尔瓦多	286
洪都拉斯	269
尼加拉瓜	307
哥斯达黎加	493
巴拿马	150
总计	1799
输电容量30万kW，后期可增容到60万kW，28个港口，15座变电站	

图 5-15　中美洲互联网电网联网结构图

达黎加、巴拿马）流向中部的购买商（萨尔瓦多）。2015 年，中美洲区域电力市场的交易电量达到 13.63 亿 kW•h。危地马拉是最大的电力出口国，萨尔瓦多是最大的电力进口国。

2017 年 7 月 1 日，中美洲互联电网发生连锁停电事故。中美洲六国受到不同程度的影响，哥斯达黎加停电尤为严重，全境停电数小时。该次事故的起因是 7 月 1 日 13 时，巴拿马输电线路过负荷运行，引起输电线路故障停运，产生 50 万 kW 的功率缺额。哥斯达黎加电网保护系统未能成功隔离事故，从而发生连锁故障，造成大量发电机停运，哥斯达黎加国内大面积停电。此次停电事故也波及中美洲其他国家，出现部分停电。尼加拉瓜电网紧急切换连接到洪都拉斯电网以保持本国电力供应。中美洲停电过程示意见图 5-16。

哥斯达黎加、巴拿马在此次停电事故中受影响最大，其他中美洲国家亦受到不同程度的影响。巴拿马当地大部分地区停电，有近 200 万人口停电，停电

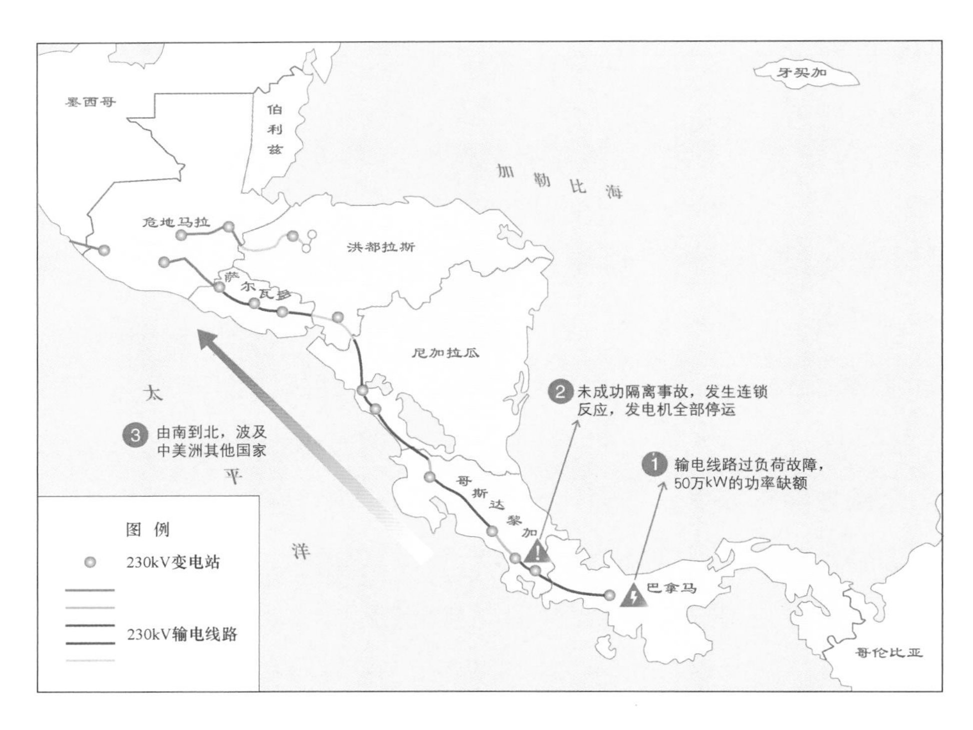

图 5-16 中美洲停电过程示意图

时总统正在立法委员会发表演讲，造成了一定的社会影响。交通信号灯大面积停电，对当地交通造成严重影响，停电期间共发生 71 起交通事故。除地面交通之外，主要机场关闭 30min。哥斯达黎加全境停电数小时，对当地居民生活造成严重影响，近 140 万户居民和商业用户（近 500 万人口）停电长达 5h，由于供水设施失去电力供应，部分社区生活用水供应出现短缺。

事故后，在政府、电力企业等的有效组织下，得到了较为快速的恢复，7 月 1 日 14 时，哥斯达黎加境内 Reventazón 和 Arenal 两座最大的水电站恢复运行，同时其他发电厂相继恢复运行。当日 16 时，巴拿马大部分地方恢复电力；18 时，停电区域大部分电力恢复正常供应。

（二）原因分析与启示

该次事故的直接原因是巴拿马境内的一条输电线路过载引发的连锁故障造成。近年来，中美洲地区可再生能源发展迅速，随着区域一体化进程加快，跨国电力贸易需求快速增加，加剧区域内电网安全运行的压力。在此背景下，中美洲互联电网第二回联网线路正在加快建设，以便缓解电网安全运行的压力。

哥斯达黎加电网保护系统未能成功隔离故障是停电事故向北部蔓延的关键原因。中美洲六国拥有独立的安全运行机制，可以在事故时快速与故障点所在国家的电网解列，以保持各自电网的安全运行。但是，此次事故下，哥斯达黎加电网保护系统未能成功隔离故障，区域协调的运行控制机制对保护健全系统、防止事故扩大化具有非常重要的作用。

中美洲互联电网单回长链式联网结构薄弱是此次事故扩大的根本原因。目前，中美洲互联电网为单回、长链式联网结构，长达 1799km，各国间输送能力仅有 30 万 kW，各国电网联系薄弱。紧急情况下，互联线路潮流转移、重过载、电压稳定问题突出，缺乏有效的协调运行控制，容易导致连锁事故发生，扩大事故影响范围。

5.2.2 巴西 3·21 停电事件

（一）基本情况

2018 年 3 月 21 日，巴西北部和东北部电力系统与主网解列，北部和东北部至少 14 州发生大停电，导致 18 000MW 负荷损失，占巴西全国联网系统的 22.5%，造成巴西全国约 1/4 的用户断电。受影响最大的是北里奥格兰德州、帕拉伊巴州和马拉尼昂州，大多数城市停电数小时。

事故后，巴西国家电力系统管理局分析停电由用电超负荷引发连锁反应导致，最初的故障发生在帕拉州贝罗蒙特水电站附近的换流站内断路器上。根据巴西政府部门报道，此次事故的原因初步查明是，由于欣古换流站中的断路器校准出现误差，该设备热稳控制定值被设置为 3700MW，原本应该设定为 4000MW 额定值。3 月 21 日下午，当这条线路负荷增加到 4000MW 时，该断路器跳脱，引发系统连锁反应。

该次停电事故的经过是，3 月 21 日 15 时 48 分，因巴西欣古换流站交流侧

500kV 断路器故障，使得帕拉州贝罗蒙特水电站送出线路失压，导致贝罗蒙特水电站脱网。

15 时 50 分，国家电力调度中心发出紧急通报，全国 14 个州失电。受巴西东北部电网主力电源脱网影响，引发系统崩溃，造成巴西全国联网系统 18 000MW 负荷损失，并且导致与巴西南部（负荷中心）电网联络的±800kV 巴西美丽山直流输电系统闭锁，南部区域损失负荷达到 4200MW。

事故造成中西部、南部及东南部地区与东北部地区的联络断开，北部和东北部地区的电力系统崩溃，南部、东南部和中西部地区的电力系统受到轻微干扰。此次事故受影响较大的州有阿拉戈斯、阿马帕、亚马孙、巴伊亚、塞阿拉、马拉尼、帕拉、帕拉伊巴、皮奥伊、伯南布哥、北里奥格兰德、隆多尼亚、塞尔希培和托坎廷斯等，具体如图 5-17 所示。

图 5-17　事故影响地区的地理分布

在巴西北部和东北部，大部分电力在约3h后重新接通，全国其他地区的停电时间不超过0.5h。

16时15分左右，南部、东南部和中西部已基本恢复供电。17时左右，圣路易斯部分地区恢复供电。17时30分左右，帕拉伊巴开始恢复供电。18时30分左右，塞阿拉州开始恢复供电。19时左右，东北地区的能源恢复已达到约50%，北部地区几乎达到100%。

部分地区恢复供电较慢，如马塞约的部分城市，晚上10时30分电力仍然没有全部恢复供应。

（二）原因分析与启示

送端网架薄弱是此次事故停电的主要原因。巴西北部、东北地区电网主网架较为薄弱，尤其是北部区域仅通过链式结构将区域水电站串联组成，而此次发生故障的欣古换流站接入系统位置正处于北部网架中间区域，因而该站发生故障对北部区域电网安全稳定性影响较大。

5.2.3 美国得克萨斯州南部大面积停电事件

（一）基本情况

美国得克萨斯州是美国面积第二大的州，该地区除煤炭、天然气、核能等传统电源之外，还有太阳能、风力等新能源电源。得州电网通过5条直流联络线与美国东部网络和墨西哥相连，联络线总容量接近110万kW。美国得克萨斯州内装机容量接近9000万kW，其中天然气装机容量占53%，发电量占48.3%；煤炭装机容量为22%，发电量占28.1%；风力装机容量占18%，发电量占11.7%；核能装机容量占6%，发电量占11.3%；其他装机容量为1%，发电量占0.6%[1]。

美国得克萨斯州虽然具有丰富的石油资源，但是非常重视可再生能源的发

[1] 美国得州电力市场综述 http：//www.docin.com/p-2119555174.html。

展。近年来，风力发电在得克萨斯州南部的里奥格兰德山谷迅速发展。为了加速风电的规模化开发，发挥电力资源的规模效益，降低运行成本，发挥供需互补性优势，提升区域能源市场竞争力，得克萨斯州建成了竞争性可再生能源区输出电力线路。该线路主要用于里奥格兰德山谷的风能送出，额定容量为 18 500MW。同时，得克萨斯州积极引进外资，帮助本地区针对可再生能源的开发。法国电力公司在得克萨斯州北部建立了 5 个风力发电厂，并在现存狭长地带输电线路的基础上增加了第二条输电线路。

2017 年 8 月 25 日夜间，飓风“哈维”以 130mile/h（约合 210km/h）的风速从得克萨斯州南部石港登陆，一路向东北方向，覆盖了得克萨斯州 1/4 的面积。受飓风影响，美国得克萨斯南部地区遭遇大面积停电事故，包括 6 条 345kV 线路和超过 200 条 69～138kV 线路在内的数百条高压输电线路停电，得州的南部累计超过 30 万用户停电。通电造成了当地交通信号灯大面积停运，休斯顿机场 8000 班次的飞机取消或者延误。由于多家医院停电，16 家医院不得不彻底关闭，转移 1000 多名病患者。

（二）原因分析与启示

当地输配电基础设施受到飓风“哈维”的巨大破坏。据多方报道，此次四级飓风“哈维”总共毁坏了 157 条输配电设备，而且休斯顿清湖邻里的电力变压器在飓风影响下发生了爆炸。

该次事故表明，加强基础设施建设，在进行建设过程中要充分考虑当地的环境因素。电力设备在安装时就应当对易发生山体滑坡区、易被洪水冲刷区、杆塔基础土质疏松区和可能受大雨积水影响区采取对应的一些预防措施。比如得州地处沿海，应该充分考虑“飓风”等极端气候的影响，输配电设备都需要加固，电线杆等要从木制换成水泥制并加固，以提高电网抵御自然灾害的能力。

加强电力系统防灾研究，建立预警、应急与快速恢复机制以已有的灾害性事故的信息和研究成果为基础，对电力系统在中大自然灾害下的系统响应进行全面的风险评估，特别是加强对飓风、地震等自然灾害可能造成的电网大面积瘫痪的研究和评估工作，建立相应的事故预警机制、应急机制及灾后快速恢复和重建机制。

5.2.4 美属波多黎各停电事件

（一）基本情况

美属波多黎各处于加勒比海地区，是美国的海外领属岛国。美属波多黎各的发电结构以煤炭、石油和天然气发电为主，燃油发电占比最高，约占全国的70%，同时包括少部分太阳能、风能等新能源发电。截至2017年底，波多黎各共有16个电厂，装机容量为5376MW。其中太阳能发电有116.5MW，煤炭发电有454MW，燃油发电有4195MW，天然气发电有510MW，风力发电有101MW。

2017年9月，受“伊尔马”和“玛利亚”飓风等影响，美属波多黎各岛屿遭受了美国历史上最长的停电事故，停电时间从2017年9月持续至2018年2月，长达半年。此次停电的范围覆盖美属波多黎各全岛，停电面积超过9000km^2。此次停电事件导致岛上生产活动几乎停滞，大量商家和旅游景点停业，公司停止办公。超长的停电时间严重影响了岛上350万人民的日常生活，造成岛上交通混乱，学校中断上课，尤其是医院遭受影响后，病人因不能得到及时救治造成不必要的死亡。此次停电事故引发大规模游行，引发民众对美国本土对美属波多黎各是否忽视的深度思考。脆弱不堪的电网被认为反映了该地区被忽视的严重程度。“玛利亚”飓风过后，美国《时代》杂志指出，在“玛丽亚”飓风来袭前，岛上的木制电线杆已经腐烂，输电塔已经生锈，肆意生长的树木威胁着数千英里输电线路的安全。当地政府曾计划重修电力系统，但因为经费的原因，工程刚一开工就取消了。波多黎各唯一的电力公司也因为管理不善，于2017年7月申请破产保护。

从停电过程看，2017年9月1日上午“伊尔马”从波多黎各首都圣胡安登陆。在强风影响下，首都圣胡安附近的两座电厂被紧急关闭，当地输配电设施被迅速破坏，电力网络在不健全的状态下，不足以供应岛内所有负荷，美属波多黎各电力公司按照网络供电能力和负荷优先级要求，不得已切断了大部分的供电负荷。2017 年 9 月 20 日，四级飓风“玛利亚”从波多黎各的东南部登陆，席卷整个岛屿。“玛利亚”飓风袭击对美属波多黎各残余健全电网造成致命一击，一天时间内，岛内的输配电设备几乎全被损坏，电网无法正常运行。

（二）原因分析与启示

美属波多黎各电网电源结构较为单一，且电源结构不够合理，过多依赖燃油发电。美属波多黎加燃油发电在整个电网中所占的比例能达到 70%之多，而且因为地处加勒比海，石油基本依赖进口，从美属波多黎加电力公司的成本看，该公司 58%的费用用于购买燃料[1]，相比之下，本地丰富的风能、太阳能资源没有得到充分的利用。在这样的电源结构下，飓风袭击造成海上交通停运，石油无法及时送入，造成岛上电力无法供应。

美属波多利亚电力公司连年亏损，没有资金进行定期维护升级，故障电网老化，设备陈旧。美属波多黎各政府并非没有认识到该问题，在此次飓风来临前，美属波多黎各电力局打算投资 40 亿对岛上所有的电网进行升级改造，但是还没升级改造前，飓风就已经来临。

事故后，如何快速恢复供电网络成为本地应急能力强弱的重要考验。美属波多黎各政府尝试发动本地电力公司、聘请外部援助力量两种方式进行抢修，但效果均不理想。首先是发动美属波多黎各电力公司员工进行抢修，因为该公司长期对员工有压低工资、拖欠薪水等情况，大灾后电力公司只能组织不到 1 万人（电力员工约有 4 万人）参加电力设备抢修，抢修工作非常缓慢。在本地抢修力量不足的情况下，美属波多黎各不得不寻外部援助力量开展抢修，美属波多黎各电力公司紧急与蒙大拿公司签订了 3 亿美元的电力恢复合同，但是蒙

[1] 波多黎各电厂概况，https：//en. wikipedia. org/wiki/Puerto _ Rico _ Electric _ Power _ Authority。

大拿公司地处美国麻萨诸塞州，在海上交通受阻、受灾地区情况恶劣等多种因素影响下，短时间内只能够派出非常少量的人员参与抢修，无法满足当地对供电快速恢复的需要。

5.2.5 电网安全运行风险新特点

电网是网络状基础设施，坚强的电网结构是保障安全运行的基础。中美洲电网停电事件暴露出地区电网结构薄弱的问题，单回、长链式电力联络线成为风险隐患。随着区域经济社会发展，电网需要进行相适应的发展，要求电网进行升级改造、优化提升，比如强化跨省跨区输电通道建设、完善主网架结构等，提供安全可持续的电力供应，满足经济社会发展和清洁能源发展的需要。

连锁故障成为影响大规模互联电网安全的重要风险。传统交流电网中，故障一般仅对局部电网产生影响。交、直流混联电网中，送端或受端交流电网故障可能导致直流故障，例如受端交流短路导致的直流换相失败，易引发送、受端电网频率及电压的大幅振荡、机组功角失稳、电网解列，产生系统连锁故障。巴西“3·21”停电事件由欣古换流站交流侧500kV断路器故障引发连锁反应，贝罗蒙特水电站脱网进而导致大面积切机切负荷，巴西东南部区域（负荷中心）切除负荷达到4200MW。此次事故也表明，需要重视保护装置的整定与运行维护，避免出现因保护装置误动造成的系统损失，同时加强送端系统机网协调能力，加强受端电网应对直流闭锁应对措施，避免单一故障引发连锁反应，造成大面积停电事故。

持续的气候变化令停电变得愈发常见。气候变化不仅会增加像飓风“哈维”“玛利亚”这样的风暴的次数，还会带来更多洪灾、森林大火、热浪和干旱，从而给电源、电网、负荷带来深度影响。根据美国国家气候评估报告，随着全球温度持续上升，美国中西部及北部大平原极端降水的强度将增加，极端降水会破坏燃煤、核能和水力发电厂，并导致企业和居民断电。由于大型核能和化石燃料发电厂需要冷却用水，这一特点使得这些电网尤其易受洪水的破坏。除了洪水，强劲的暴风雨会破坏关键的基础设施。干旱也会给电网带来以下几个方面的压力：在干旱期间，低水位意味着水电站发电可用的水更少。热电和核电站也可能难以获得冷却所需的大量用水。热浪在加剧干旱的同时，会降低输电基础设施的效率，增加高峰时段对空调的需求，从而使电网承受巨大压力。美国得克萨斯州南部、美属波多黎各停电停电事件都是由极端天气造成的。美属波多黎各停电时间长达半年，该停电事件为美国历史上最长的停电事件，该次事故反映出，本地电源结构、电网基础设施建设和应急能力建设对现代电网遭遇重大自然灾害后快速恢复供电的重要性。电网基础设施在现代能源供应体系中，发挥着重要的枢纽作用，关系国民经济命脉、国家能源安全的重要角色，所以必须需要建设一个具有安全控制能力、能源资源配置能力、自主创新能力、优质服务能力的电网公司，只有这样才能面对自然灾害的时候进行高效、快速的反应。

近年来，网络安全防护成为保障电网安全的重要命题。2015、2016 年，乌克兰电网两次因黑客攻击导致停电的事件，2017 年勒索病毒攻击全球上百个国家，凸显出网络安全防护的紧迫性和重要性。为应对日益严峻的网络安全形势，我国政府出台了《中华人民共和国网络安全法》。为保障电力等重要领域的网络安全，《中华人民共和国网络安全法》专门设置“关键信息基础设施的运行安全”章节，规定了电力监控系统等关键信息基础设施的安全保护要求及运营者应当履行的义务，明确了违反相关要求应承担的法律责任。电力网络安全防护的重点之一在于电力监控系统的网络安全防护。由于电力监控系统依赖的网络空间大，涉及单位多，安全隐患分布广，系统愈发脆弱。电力监控系统是指用于监视和控制电力生产及供应过程的、基于计算机及网络技术的业务系统和智能设备，以及作为基础支撑的通信及数据网络等。电力监控系统不仅可实时监视电力系统的运行工况，更可直接控制电力设备的运行状态，包括远程拉合开关刀闸、远程控制发电机组有功功率和电压、远程调制直流输送功率、远程投退二次设备等。在国家能源局部署开展的电力监控系统安全防护专项检查中，共发现99类1548项问题，经过检查，暴露出发电侧网络安全意识有待进一步加强，发电厂安全管控措施，特别是风电、光伏等中小电力企业网络安全管控措施，有待进一步完善等问题。

5.3 小结

2017年典型国家的电网可靠性稳中有升，中国可靠性提升幅度最大。中国户均停电时间为16.27h，比上一年减少0.84h；户均停电次数为3.28次，比上一年减少0.29次。影响可靠性的原因主要是自然灾害、动物破坏，其次是设备故障/人误操作等，以美国为例，自然灾害、动物破坏引起的停电次数占到总停电次数的68%，其中天气原因占比最高达到33%，主要包括飓风、风暴、野火等极端天气。

2017年以来，中美洲互联电网、巴西电网、美国电网等发生较大规模或较长事件的停电事件。美属波多黎各停电事故停电时长达到6个月，对当地人民生产生活造成严重影响。从故障原因看，中美洲互联电网停电事故、巴西“3·21”停电事故由关键设备故障引发，美国得克萨斯州、美属波多黎各停电事故由飓风灾害引起。总结电网运行安全风险的新特点，自然灾害破坏、关键设备诱发的连锁故障成为大面积停电事件的重要原因，合理的电源结构、坚固的电网设施、高效的防范能力、强大的应急能力对现代电网事故预防以及事故发生后的快速恢复非常重要。

参 考 文 献

[1] World Bank. GDP and main components. 2012—2017.

[2] American Public Power Association. America's Generation Capacity 2012—2017.

[3] IEA. Electricity Information 2012—2017.

[4] FERC. Energy Infrastructure Update for December 2012—2017.

[5] Enerdata. Global Energy Statistical Yearbook 2017.

[6] NERC. Winter Reliability Assessments 2012—2017.

[7] NERC. Summer Reliability Assessment 2012—2017.

[8] NERC. Long term reliability assessment 2012—2017.

[9] NERC. Distributed Energy Resources Report.

[10] DOE. Smart Grid Investment Grant Program Final Report.

[11] DOE. Quadrennial Energy Review—Energy Transmission. Storage and Distribution Infrastructure.

[12] DOE. Quadrennial Energy Review—Transforming the Nation's Electricity System.

[13] Eurostat. GDP and main components. 2012—2017.

[14] ENTSO-E. Statistical Factsheet 2012—2017.

[15] ENTSO-E. TYNDP 2017 list of projects for assessment.

[16] ENTSO-E. Summer Outlook 2017 and winter review 2017—2018.

[17] ENTSO-E. Winter Outlook Report 2017/2018 and Summer Review 2017.

[18] ENTSO-E. Mid-term Adequacy Forecast 2017.

[19] OCCTO. Outlook of Electricity Supply-Demand and Cross-regional Interconnection Lines F. Y. 2017.

[20] OCCTO. Aggregation of Electricity Supply Plans for F. Y. 2017.

[21] OCCTO. Annual Report F. Y. 2017.

[22] OCCTO. Economic and Energy Outlook of Japan through F. Y. 2017.

[23] OCCTO. Long - term Cross - regional Network Development Policy.

[24] IEE. Economic and Energy Outlook of Japan through F. Y. 2017.

[25] METI. Japan's Energy Plan.

[26] 2026 Brazilian Energy Expansion Plan.

[27] Brazilian Energy Balance 2017.

[28] Eletrobras Relatorio Anual 2017.

[29] ONS. http://www.ons.org.br/pt/paginas/resultados-da-operacao/historico-da-operacao.

[30] Power Grid Corporation of India Ltd.. Annual Report - Final 2017.

[31] Annual Report Ministry of Power 2017—2018.

[32] Monthly Report POSOSO 2017—2018.

[33] Power Grid Corporation of India Ltd.. Transmission Plan for Envisaged Renewable Capacity.

[34] CEA. Draft National Electricity Plan Volume I Generation.

[35] CEA. Draft National Electricity Plan Volume Ⅱ Transmission.

[36] CEA. Executive Summary of Power Sector 2012—2017.

[37] AFREC. Africa Energy Database 2017.

[38] AfDB. Atlas of Africa Energy Resources 2017.

[39] 国家统计局. 中华人民共和国2017年国民经济和社会发展统计公报. 2017.

[40] Enerdata. Global Statistical Yearbook 2018.

[41] 国家能源局. 2017年度全国可再生能源电力发展监测评价报告. 2017.

[42] 国家能源局，中国电力企业联合会. 2017年全国电力可靠性年度报告. 2018.

[43] 中国电力企业联合会. 2016—2017年度全国电力供需形势分析预测报告. 2017.

[44] 中国电力企业联合会. 中国电力行业年度发展报告2018. 北京：中国市场出版社. 2018.

[45] 中国电力企业联合会. 2017年全国电力工业统计快报. 2018.

[46] 中国电力企业联合会. 2016年全国电力工业统计. 2017.

[47] 中国电力企业联合会. 2015年全国电力工业统计. 2016.

[48] 中国电力企业联合会. 2010 年全国电力工业统计. 2011.

[49] 中国电力企业联合会. 2005 年全国电力工业统计. 2006.

[50] 中国电力企业联合会. 2000 年全国电力工业统计. 2001.

[51] 北京电力交易中心. 2017 年电力市场交易年报. 2018.

[52] 国家电网有限公司. 2017 社会责任报告. 2018.

[53] 国家电网有限公司. 2017 年电网发展诊断分析报告. 2018.

[54] 国家电网有限公司. 输变电工程造价分析（2017 年版）. 2018.

[55] 中国南方电网有限责任公司. 2017 企业社会责任报告. 2018.

[56] 电力规划设计总院. 中国能源发展报告 2017. 北京：中国电力出版社. 2018.

[57] 电力规划设计总院. 中国电力发展报告 2017. 北京：中国电力出版社. 2018.

[58] 国家电力公司. 1948—2000 年电力工业统计资料汇编. 2001.